utb 5431

W0012585

Eine Arbeitsgemeinschaft der Verlage

Böhlau Verlag · Wien · Köln · Weimar
Verlag Barbara Budrich · Opladen · Toronto
facultas · Wien
Wilhelm Fink · Paderborn
Narr Francke Attempto Verlag / expert verlag · Tübingen
Haupt Verlag · Bern
Verlag Julius Klinkhardt · Bad Heilbrunn
Mohr Siebeck · Tübingen
Ernst Reinhardt Verlag · München
Ferdinand Schöningh · Paderborn
transcript Verlag · Bielefeld
Eugen Ulmer Verlag · Stuttgart
UVK Verlag · München
Vandenhoeck & Ruprecht · Göttingen
Waxmann · Münster · New York
wbv Publikation · Bielefeld

#fragdocheinfach

Roman Simschek

Agilität? Frag doch einfach!

Klare Antworten aus erster Hand

UVK Verlag · München

Umschlagabbildung und Kapiteleinstiegsseiten: © bgblue – iStock
Abbildungen im Innenteil: Figur, Lupe, Glühbirne: © Die Illustrationsagentur

Bibliografische Information der Deutschen Nationalbibliothek
Die Deutsche Nationalbibliothek verzeichnet diese Publikation in der
Deutschen Nationalbibliografie; detaillierte bibliografische Daten sind im
Internet über http://dnb.dnb.de abrufbar.

© UVK Verlag 2020
– ein Unternehmen der Narr Francke Attempto Verlag GmbH + Co. KG
Dischingerweg 5 · D-72070 Tübingen

Internet: www.narr.de
eMail: info@narr.de

Einbandgestaltung: Atelier Reichert, Stuttgart
CPI books GmbH, Leck

utb-Nr. 5431
ISBN 978-3-8252-5431-5 (Print)
ISBN 978-3-8385-5431-0 (ePDF)
ISBN 978-3-8463-5431-5 (ePub)

Ich danke meinen Großeltern Erna und Adolf Simschek.
Ihr habt mir gezeigt, worauf es wirklich ankommt im Leben:
Bedingungslose Liebe.

Alle Fragen im Überblick

Vorwort

Agilität ist in aller Munde. Ein Begriff der eine sehr häufige Verwendung in unserem alltäglichen Sprachgebrauch gefunden hat. Wer heute in einem Business tätig ist oder ein Projekt managet, kommt nicht mehr darum herum, nicht agil zu sein. Was jedoch verwundert, kaum jemand weiß genau, was Agilität eigentlich bedeutet bzw. wie der Begriff definiert wird. Auch setzen mehr und mehr Unternehmen agile Methoden ein, um schnell und flexibel auf Kundenwünsche zu reagieren.

Dieses im Interviewstil verfasste Buch soll Licht ins Dunkel bringen. Hierbei gibt es die Antworten auf die vier wesentlichen Fragen zum Thema Agilität: Warum ist Agilität gerade jetzt aktuell? Was bedeutet Agilität? Wie kann man Agilität umsetzen? Wozu kann Agilität in der privaten und beruflichen Praxis verwendet werden?

Ziel des Buchs ist hier einen überblickhaften Einstieg zu geben und die wichtigsten Informationen mit dem Leser zu teilen. Ganz nach dem Motto: Stay agile – be successful.

Ich empfehle Ihnen dieses Buch entweder nach Stichworten durchzustöbern um eine Antwort zu bestimmten Themen zu erhalten. Oder aber das Buch von vorne bis hinten durchzulesen. Die Entscheidung hierüber überlasse ich gerne ihrem →agilen Mindset. Mit dem Ziel, die Befähigung zu erlangen, Agilität in seinen Grundzügen verstanden zu haben und zu wissen, wie man Sie im *daily business* einsetzen kann, um erfolgreicher zu sein.

Ich wünsche Ihnen nun viel Spaß und Erfolg beim Lesen der Fragen und Antworten. Sollten Sie danach noch offene Fragen haben, die in diesem Buch nicht beantwortet wurden, so freue ich mich über Ihre Frage per E-Mail rsimschek@agile-heroes.de.

Jedes meiner mittlerweile zehn verfassten Bücher hatte zu Beginn mit einer neuen Begegnung zu tun. Dieses Buch wäre nicht entstanden ohne meine Begegnung mit Christian Diwo. Christian hat mich mit seiner hohen Motivation und seinem unglaublichen Qualitätsanspruch begeistert. Ich danke Dir, lieber Christian, für deine wesentliche Mitwirkung an der Entstehung dieses Buches. Du hast es geschafft innerhalb kurzer Zeit alle wesentlichen Inhalte in eine hervorragende Struktur samt dazu gehöriger Texte zu bringen. Dafür danke ich Dir von ganzem Herzen.

Roman Simschek   Wiesbaden, im Juli 2020

Was die verwendeten Symbole bedeuten

 Toni verrät dir spannende Literaturtipps, YouTube-Seiten und Blogs im World Wide Web.

Die Glühbirne zeigt eine Schlüsselfrage an. Das ist eine der Fragen zum Thema, deren Antwort du unbedingt lessen solltest.

 Die Lupe weist dich auf eine Expertenfrage hin. Hier geht die Antwort ziemlich in die Tiefe. Sie richtet sich an alle, die es ganz genau wissen wollen.

 Wichtige Begriffe sind mit einem Pfeil gekennzeichnet und werden im Glossar erklärt.

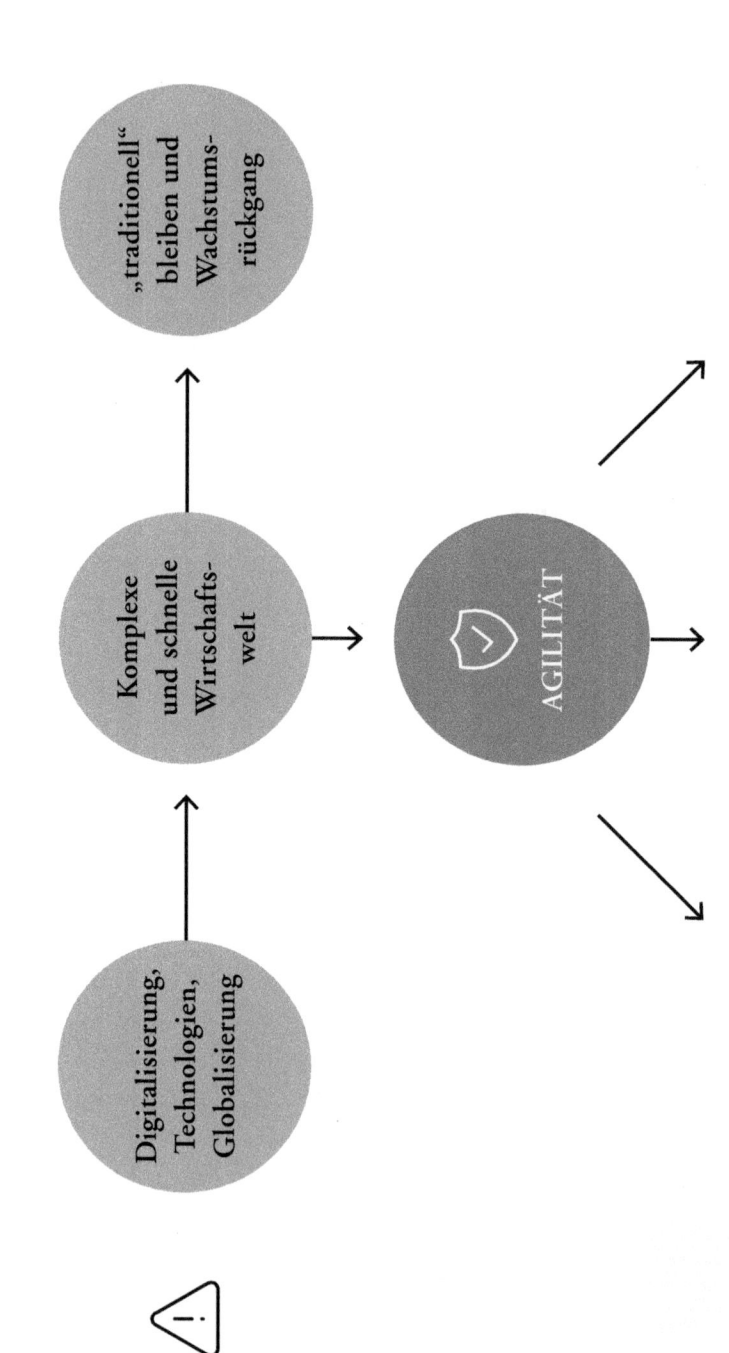

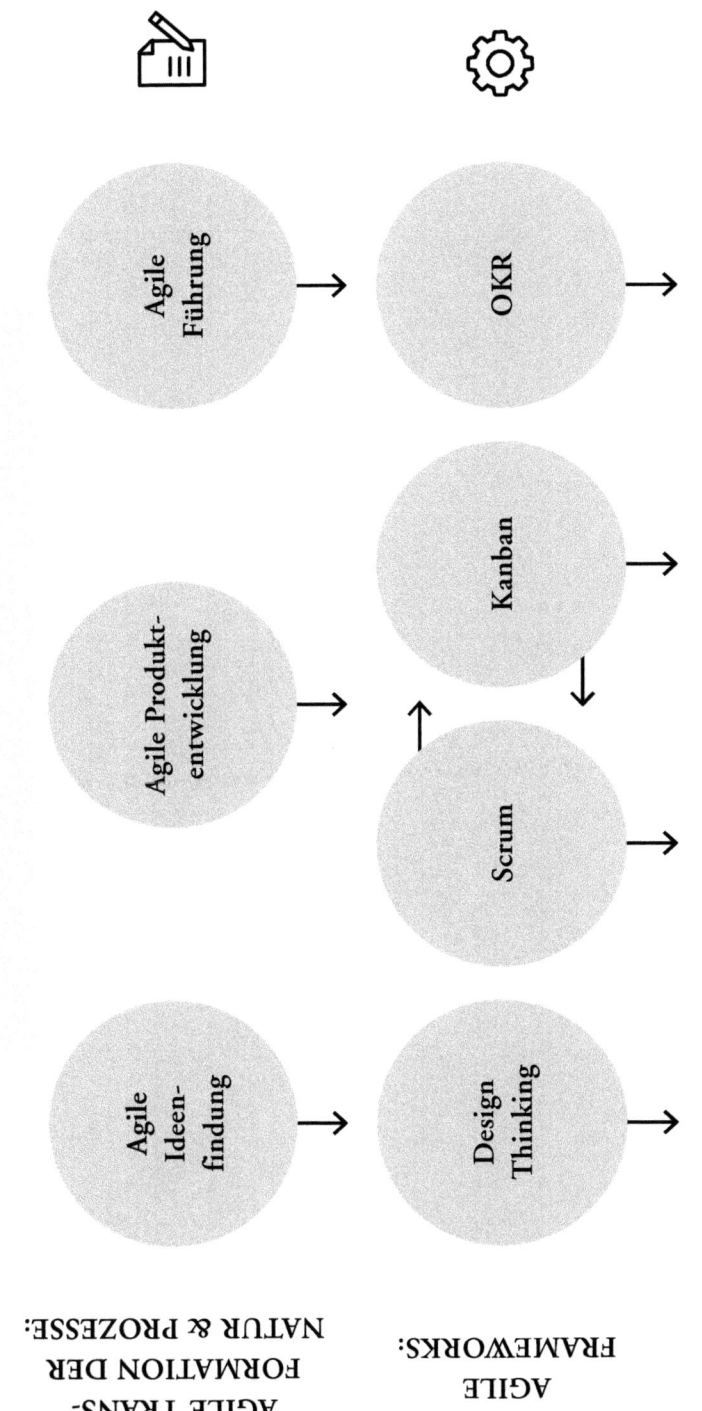

AGILE TRANS-
FORMATION DER
NATUR & PROZESSE:

AGILE TRANS-
FORMATION DER
NATUR & PROZESSE:

Agile
Ideen-
findung

Agile Produkt-
entwicklung

Agile
Führung

AGILE
FRAMEWORKS:

Design
Thinking

Scrum

Kanban

OKR

Kombination der Agilen Frameworks =

Agiles Unternehmen, welches schnell & flexibel auf den Markt reagiert

Megatrend Agilität

 Dieses Kapitel zeigt auf, wie Agilität zum Unternehmens-
erfolg beitragen kann.

Warum ist Agilität gerade heute zum Megatrend geworden?

Die Welt ist komplex und entwickelt sich rasant weiter. Eine Krise kann sich binnen Wochen auf der ganzen Welt verbreiten und viele Länder lahmlegen. Dies zeigt, wie schwer es heutzutage ist, die komplexen Zusammenhänge zu verstehen und künftige Entwicklungen zu prognostizieren. Die globalen Märkte sind durch die Unvorhersehbarkeit von Ereignissen, seien es politische, gesellschaftliche oder wirtschaftliche Einflüsse, oftmals großen Schwankungen ausgesetzt. Die Volatilität steigt. Dies hat eine höhere Unsicherheit bei der Planung für alle Organisationen, Unternehmen und Personen zur Folge. Bei abnehmender Vorhersehbarkeit der Zukunft nimmt ebenfalls die Relevanz von Prognosen und Erfahrungen aus der Vergangenheit als Grundlage für die Planung der Zukunft ab.

Dies hat zur Folge, dass mehr und mehr Unternehmen und Einzelpersonen die Relevanz von Agilität verstehen. Agilität ist die höchste Form der Beweglichkeit und Anpassungsfähigkeit, die gerade in einer komplexen und sich rasant veränderten Welt einen enormen Wert hat. Durch Agilität kann eine Organisation oder eine einzelne Person flexibel auf unvorherschbare Ereignisse reagieren und nicht nur reaktiv, sondern auch proaktiv auf Veränderungen eingehen. Dies bedeutet konkret, dass Unternehmen sich in einer komplexen Weltwirtschaft den neuen Marktanforderungen und -gegebenheiten schnell zuwenden können, um weiterhin erfolgreich zu agieren.

Videotipp:
Das Video „Wie erobert man mit Agilen Methoden neue Märkte? 🚀 – Agile Heroes MeetUp" auf dem YouTube Kanal von Agile Heroes ist umfangreiches ▶ Video bezüglich Agilität und den Erfolg des Megatrend Agilität. Das Video findest Du unter:
www.youtube.com/watch?v=QGkLo0QPKZM

Wieso ist Digitalisierung der Treiber von Agilität?

Die Digitalisierung hat einen großen Wandel in die Welt gebracht. Weltweit ist jedes Unternehmen früher oder später von der Digitalisierung betroffen. Die Bedeutung der Anpassung an die Digitalisierung und die digitale Transformation einzelner Geschäftsfelder hat eine große Bedeutung für den langfristigen Unternehmenserfolg. Digitalisierung und Agilität werden oft in einem Atemzug genannt. Agiles Arbeiten stammt ursprünglich aus der IT-Welt von Unternehmen. Dieser Bereich hat in der jüngsten Vergangenheit unbestritten Erfolge gezeigt.

In dieser Hinsicht gibt es unterschiedliche Meinungen. Während viele Experten glauben, dass durch eine höhere Agilität in Unternehmen die Digitalisierung schneller umgesetzt werden kann, sind andere der Meinung, dass die Digitalisierung der Wegbereiter für eine gesteigerte Agilität in Unternehmen ist. Jedoch haben beide Seiten eine gesteigerte Agilität innerhalb des Unternehmens als Ziel.

Die digitale Transformation von Unternehmen bringt oft disruptive Veränderungen mit sich. Diese Veränderungen stellen vor allem traditionelle Unternehmen vor große Herausforderungen. Allerdings ist es häufig der essenzielle Schritt, um zukünftig ebenfalls erfolgreich zu sein und im Markt zu bestehen.

Es zeigt sich dann in der Praxis, dass für die Digitalisierung neue Rahmenbedingungen in der internen Organisation von Unternehmen geplant werden müssen, da sich viele Prozesse verändern und sich die Implementierung auch oft eine hohe Komplexität hat.

An diesem Punkt ist Agilität eine gute Methode, da sich Komplexität vermindern und Flexibilität erhöhen lässt. Diese Flexibilität soll ebenfalls für den Arbeitnehmer durch die Digitalisierung stattfinden und beispielsweise Homeoffice ermöglichen. Diese für manche Unternehmen neue und flexible Arbeitsweise soll sich positiv auf das Produkt und auch auf die Arbeitnehmer auswirken, welches auch ein Kern der Methode ist. An diesem Beispiel lässt sich besonders gut feststellen, wieso Digitalisierung und Agilität oft Hand in Hand gehen oder Digitalisierung der Start für die Agilität ist.

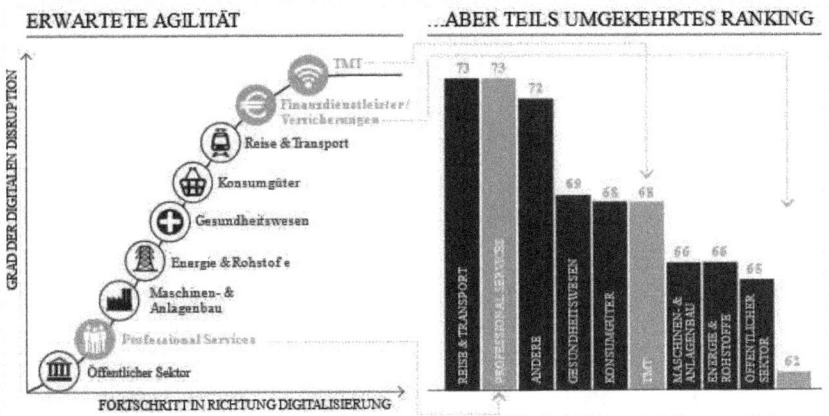

Wieso ist Digitalisierung der Treiber von Agilität?

Quelle:

https://www.sigs-datacom.de/ots/2017/agility/3-koennen-deutsche-unter

nehmen-agilitaet.html

Videotipp:

Das Video „Mariusz Bodek (KPMG) über Digitale Transformation in den Financial Services (#2) ☉" auf dem YouTube Kanal von Agile Heroes ist ein Interview, welches die Digitalisierung und Agiltät zusammenbringt. Das ▶ Video findest Du unter: www.youtube.com/watch?v=BauTkzYEnqg

---

Warum sind agile Unternehmen erfolgreicher als andere?

Agile Unternehmen haben eine gemeinsame Charakteristik, die äußerst wichtig in einer komplexen Welt ist: Die Anpassungsfähigkeit an neue Gegebenheiten – seitens der Kunden, Arbeitnehmer oder der externen Umwelt. Diese Flexibilität ist essenziell, um den Unternehmenserfolg zu sichern und auch die Mitarbeiterzufriedenheit zu erhöhen.

In diesem Zuge ist es wichtig die Mitarbeiterzufriedenheit nicht außer Acht für den Erfolg von Unternehmen zu lassen. Flache Hierarchien, mehr Verantwortung und Rollen außerhalb der Managementebene – Rollen, wie beispielsweise ein →Scrum Master, sind wichtige Entscheidungskriterien für die heutige Generation von Arbeitnehmern. Der Scrum Master ist ein gutes Beispiel, da er eben genau diese Themen – wie Nachhaltigkeit, Zufriedenheit, Motivation – als tägliche Aufgaben hat.

Traditionelle Unternehmen setzen sich selten mit der Kreation einer Sinn stiftenden Arbeit für die Mitarbeiter aus. Dies ist der wesentliche Unterschied, der langfristig agile Unternehmen erfolgreicher macht als andere. Kurzfristig sind die Anpassungsfähigkeit und die neu geschaffenen Rahmenbedingungen innerhalb des Unternehmens, um flexibel auf den Markt oder Stakeholder-Anforderungen zu reagieren, maßgeblich für den Erfolg agiler Unternehmen.

Videotipp:
In dem Video „Jule Gölsdorf (n-tv Moderatorin) über Agilität in der Medienbranche 🎥" sprechen Roman Simschek, der Autor dieses Buches, und Jule Gölsdorf über den Erfolg von Agilität und die Agilität in der Medienbranche. Das ▶ Video findest Du unter: www.youtube.com/watch?v=GKDkzkS-KnM&list=PLqTqbdnMbc B8pmmPSMrmnFxyJMObJzNoT&index=2

Was umfasst inhaltlich der Megatrend Agilität?

Der Megatrend Agilität umfasst inhaltlich zunächst die Fähigkeit eines Unternehmens, flexibel und anpassungsfähig auf jegliche Veränderungen seitens der →Stakeholder, Kunden, Benutzern oder anderen zu reagieren. Um dies zu ermöglichen gibt es viele agile Methoden und Prinzipien, die alle zum Megatrend Agilität gehören. Die bekanntesten Methoden sind in diesem Buch aufgeführt und umfassen folgende Themengebiete:

> » Design Thinking,
> » Scrum,
> » Lean,
> » Kanban.
>
> Zusätzlich sind Themen wie Prinzipien, Wertekultur, Mindset ebenfalls Teil des Megatrend Agilität und in diesem Buch in den Kapiteln 6 und 7 thematisiert.
> Es ist schwer den Megatrend Agilität exakt zu definieren, da sich durch kontinuierliche wirtschaftliche und gesellschaftliche Entwicklungen neue Themengebiete mit der Agilität identifizieren lassen. Ein Beispiel hierfür ist das Agile Manifest, welches separat vom →Scrum Guide niedergeschrieben wurde. Ohne diese weiter zu thematisieren, möchte ich die Wichtigkeit dieser beiden Dokumente hinsichtlich des Megatrends Agilität dennoch hervorheben und somit auch aufzeigen, dass der Megatrend Agilität in der Realität stets im Wandel ist. Um einen Ausblick in die Zukunft zu geben, sind Einflussfaktoren in Kapitel 8 aufgeführt, die ebenfalls Auswirkung auf die inhaltlichen Eingrenzungen des Megatrends Agilität haben können.

Wie kann man Agilität nutzen, um Wettbewerbsvorteile zu erlangen?

Agilität bedeutet Wendigkeit und Anpassungsfähigkeit. Dieses schnelle Handeln ist ein großer Wettbewerbsvorteil gegenüber nicht agilen Unternehmen, die nur langsam auf Veränderungen reagieren. Diese wiederum befolgen auf vielen Ebenen, wie bereits in den vorherigen Fragen erklärt. Allerdings ist es wichtig, hier noch einen weiteren Aspekt aufzugreifen, der sich oft indirekt auf die Produkte auswirkt, aber auf lange Sicht einen elementaren Wettbewerbsvorteil mit sich bringt:

Neben der neuen organisatorischen Gestaltung in Unternehmen und deren Prozesse geht es beim Begriff Agilität aber immer auch um die Kultur, in der agiles Arbeiten und agile Projekte ihren größten Wert schaffen. Hierunter fallen nicht nur die flachen Hierarchien, sondern auch die Verlagerung von Entscheidungskompetenz in die Teams, das Unterlassen kleinteiliger Anordnungen sowie Experimentierfreudigkeit.

Diese Aspekte allein können schon signifikante Wettbewerbsvorteile erzeugen, da das Team schneller arbeiten kann, ohne langen Entscheidungsprozessen nachgehen zu müssen. So kann beispielsweise auch ein Produkt schnell auf den Markt gebracht werden, das einen wirklichen Mehrwert für den Kunden hat. Ist dieser Idealfall von einem guten Produkt nicht eingetreten, besteht durch die hohe Fehlertoleranz die Möglichkeit flexibel auf die neuen Kundenanforderungen einzugehen und somit den Mehrwert für den Kunden wieder zu erhöhen. Das ist ein überaus großer Wettbewerbsvorteil gegenüber traditionellen Unternehmen, die durch erst durch Hierarchien und notwendige Prozesse verzögerte Entscheidungen treffen können.

Die Experimentierfreudigkeit selbst kann sich ebenfalls als großer Wettbewerbsvorteil herausstellen, denn nur durch Experimentieren und Innovationen mit der agilen Arbeitsweise können neue Produkte entstehen und das Unternehmen langfristig Mehrwert schaffen und dadurch Gewinne einfahren.

Die Experimentierfreudigkeit ist ein Zeichen von Mut in einer modernen Firmenkultur. Sie hat vielen Unternehmen die Möglichkeit gegeben in neue Branchen zu gehen und sich dort zu etablieren, wie beispielsweise Google in der Branche des autonomen Fahrens.

Videotipp:
Das Video „Mit Agilität zum Erfolg auf TikTok? 🎬 – IG Livestream" auf dem YouTube Kanal von Agile Heroes gibt praktische Hinweise, wie man Wettbewerbsvorteile durch Agilität erlangen kann. Co-Gründer der Agile Heroes Fabian Kaiser thematisiert dies mit Tobias Meyer in Bezug auf TikTok, der Trend der Social Media Platformen. Das ▶ Video findest Du unter: www.youtube.com/watch?v=ozoKcLAhIGY

Gibt es auch aus volkswirtschaftlicher Sicht Erfordernisse für Agilität?

Um dies zu beantworten, ist es hilfreich die Antwort auf zwei Ebenen aufzuteilen: zum einen die makroökonomischen und zum anderen die mikroökonomische Sichtweise.

» Aus makroökonomischer Sicht ist es klar, dass Unternehmen sich in einem Wirtschaftssystem befinden, das komplexer ist als je zuvor. Hier existieren viele Einflussfaktoren. Einflussfaktoren bestehen beispielsweise innerhalb der Branche selbst – durch sämtliche Konkurrenten, Lieferanten und Kunden. Aber auch weitere Faktoren aus Politik, Gesellschaft, auch durch Unwetterkatastrophen oder Epidemien erhöhen die Komplexität und Interdependenzen. Viele dieser Faktoren haben zwar keinen erheblichen Einfluss auf den langfristigen Unternehmenserfolg, allerdings ist es möglich, dass nur ein einziger Faktor in der kurzen Frist für eine Unternehmenskrise sorgen kann.

» Aus mikroökonomischer Sicht gibt es ebenfalls Gründe, um agil zu agieren. Flexibel auf die neuen Kundenanforderungen reagieren zu können und stets neue Produkte mit einem Mehrwert für die User und Kunden auf den Markt bringen zu können, ist heute wichtiger denn je. Durch die internationale Vernetzung der Branchen und der Produkte können Kunden heutzutage einfacher auf ein neues Produkt anderer Anbieter wechseln.

Generell sind viele Unternehmen durch die globale Wirtschaft herausgefordert schneller zu agieren und sich neuen Gegebenheiten auf dem Markt anzupassen. Letzteres ist der Hauptgrund für die Notwendigkeit Agilität zu praktizieren. Agilität spielt oftmals eine Schlüsselrolle bei erfolgreichen Innovationsprojekten, Der Grund liegt in der Entscheidungsgeschwindigkeit. Deshalb haben agile Unternehmen sich oft als Gewinner mit großem Umsatzwachstum ausgezeichnet.

Zusätzlich haben sich die Produktlebenszyklen von Produkten in vielen Industrien verkürzt, vor allem in den technologielastigen Branchen: Apple und Samsung können es sich nicht erlauben nur alle fünf Jahre ein neues Smartphone auf den Markt zu bringen, denn die Kunden erwarten auf dem neuesten Stand technologischer Innovationen zu sein. Und junge Unternehmen wie Huawei oder Xiaomi befeuern den allgemeinen Konkurrenzkampf. Diese enorme Dynamik kann man selbstverständlich nicht auf jede Branche und jedes Produkt übertragen, allerdings ist dieser Trend unbestreitbar.

Was würde passieren, wenn Unternehmen sich nicht mit diesem Megatrend beschäftigen?

Der Megatrend Agilität hat die Anpassungsfähigkeit von Unternehmen als Hauptziel. Wenn sich Unternehmen nicht flexibel auf die neuen Anforderungen des Markts, der Wirtschaft oder ihrer →Stakeholder reagieren kann, können diese Unternehmen langfristig in Schwierigkeiten geraten. Es gibt viele Beispiele in der Weltwirtschaft, die dieses Phänomen und eine schnelle Marktveränderung zeigen:

» Airbnb hat viele traditionelle und langfristig erfolgreiche Hotelketten in Bedrängnis gebracht.
» Uber und Google konkurrieren mit den größten Automobilherstellern der Welt im Bereich autonomes Fahren.
» Facebook und Netflix haben die TV-Industrie revolutioniert.

Und es gibt noch viele weitere Beispiele. All diese Unternehmen, die teilweise sehr jung sind, haben traditionelle Unternehmen und deren Branchen revolutioniert. Sie haben gezeigt, wie wichtig es ist, schnell auf Veränderungen reagieren zu können und neue Produkte anzubieten.

Es steht außer Frage, dass sich die genannten Unternehmen heutzutage gemessen an verschiedenen Rankings im oberen Bereich platzieren – und das nicht nur beim Unternehmenswert, sondern auch bei der Akquise von Talenten und bei neuen Entwicklungen von Produkten und Märkten. Aufgrund vieler Faktoren – Technologie, Digitalisierung, Internet, Globalisierung und vielen mehr – ist es offensichtlich, dass Unternehmen anpassungsfähig sein müssen und somit sich mit dem Megatrend Agilität auseinandersetzen sollten.

An dieser Stelle ist es wichtig zu sagen, dass auch Agilität ihre Grenzen hat und nicht optimal für jedes Unternehmen oder jede

Industrie passt. Viele der oben genannten Unternehmen arbeiten auch nicht ausschließlich agil. Allerdings geht es mir um den Ansatz der Anpassungsfähigkeit von Unternehmen, die durch Agilität gewährleistet ist. Somit erhöht sich die Chance auf einen langfristigen Erfolg.

Welche Konsequenzen müssen Unternehmen tragen, die weiterhin nur „traditionell" arbeiten?

Was „traditionelles" Arbeiten ist, ist letztlich eine Frage der Definition. Aus diesem Grund ist es hilfreich auf die Unterschiede von klassischem Projektmanagement und agilem Projektmanagement einzugehen. Gleichzeitig muss auch die generelle Arbeitsweise in einer Organisation, wie beispielsweise die Aspekte von Hierarchien und Teamdynamiken, betrachtet werden. Anhand dieser Ausprägungen können viele Unterschiede identifiziert werden.

Im klassischen Projektmanagement liegt der Fokus auf der Planung und Struktur des Projekts. Dies kann ein Vor-, aber auch ein Nachteil sein. Lange Entwicklungszyklen sind hierbei die Regel. Bei den heutigen volatilen Gegebenheiten rund um Unternehmen ist eine Planung nur mit großer Ungewissheit möglich. Dennoch zu planen und nach dem ungewissen Plan das Unternehmen auszurichten, bringt also eine große Unsicherheit für den langfristigen Erfolg des Unternehmens oder der Organisation.

Im Gegensatz dazu steht das agile Projektmanagement, welches kurze Entwicklungszyklen besitzt sowie ein iteratives und inkrementelles Vorgehen anwendet. Auch wenn das agile Projektmanagement nach reiner Theorie in der Praxis nur vereinzelt eingesetzt wird, ist davon auszugehen, dass dieses Vorgehen zu einer besseren Performance führt. Es kann auf neue Kundenanforderungen und veränderte externe Einflüsse schneller reagieren.

In Bezug auf die generelle Arbeitsweise, die auch ein großes Thema im agilen Projektmanagement ist, lässt sich feststellen, dass traditionelle Unternehmen immer größere Probleme haben Talente im Unternehmen zu binden, da heutige Arbeitnehmer mehr Verantwortung übernehmen wollen.

Das „traditionelle" Arbeiten geht oft mit steilen Hierarchien, wenig Mut und Verantwortung außerhalb der Managementebenen sowie mit klar festgelegten Prozessen einher. Dieses Vorgehen gerät auch basierend auf dem Generationswandel und dem immer präsenter werdenden Thema Mindset und Suche nach Sinn im Leben, demnach auch im Job, an seine Grenzen.

Viele Unternehmen müssen sich heutzutage intensiver mit der Art des Managens von Teams auseinandersetzen. Es geht um Mitgestaltung: Alle Arbeitnehmer müssen Teil einer Vision werden, um somit die Mitarbeitermotivation und -zufriedenheit hochzuhalten. All diese Aspekte sind in traditionellen Unternehmen oft nicht vollständig angekommen. Sie sind auch schwer durch das „traditionelle" Arbeiten zu implementieren. Dies spiegelt sich auch in den Rankings der am besten bewerteten Unternehmen wider, welche oft agil arbeiten, die traditionelle Unternehmen abgehängt haben.

Videotipp:
Das Video „Was ist klassisches Projektmanagement? 😊 Klassisches Projektmanagement erklärt! 🔋" auf dem YouTube Kanal von Agile Heroes gibt eine Erklärung, was klassisches Projektmanagement ist und dessen Anwendung. Dies kann für das Verständnis des „traditionellen" Arbeitens helfen. Das ▶ Video findest Du unter: www.youtube.com/watch?v=FKCom8wziEk&list=PLqTqbdnMbc B_NT2qD3qNOtOyFA4uvsoYW&index=4

Gibt es ein Unternehmen, das ein Paradebeispiel für Agilität ist?

Ja, die gibt es; Tesla ist ein gutes Beispiel. Fahrzeuge von Tesla senden täglich Fahr- und Benutzerinteraktionsdaten an die Ingenieure zurück. Die Ingenieure überprüfen die Daten und können so das Betriebssystem verbessern. Die Updates werden dann nächtlich an alle Fahrzeuge verteilt. Tesla-Autos aktualisieren sich wie eine webbasierte Plattform. Das passiert ständig, ohne Arbeitsaufwand für den Benutzer und ohne zusätzliche Kosten. Die Änderungen, die Tesla an der Benutzeroberfläche des Touchscreen-Armaturenbretts vornimmt, würden bei fast allen anderen Autoherstellern einen kompletten physischen Neuaufbau des Armaturenbretts erfordern.

Vergleicht man das mit den Standardmodellen europäischer Hersteller, bei denen einmal im Jahr eine neue Version eines Autos für diejenigen herausgebracht wird, die die neue Version kaufen; diejenigen, die nicht jedes Jahr ein neues Auto kaufen, erhalten keine Updates. Und selbst dann sind die jährlichen Aktualisierungen geringfügig, da sie von den tatsächlichen Daten und Erkenntnissen über die Fahrtätigkeit der Vorjahresversion weitgehend uninformiert sind.

Kurz gesagt, Tesla kann sein Touchscreen-Armaturenbrett jede Nacht aktualisieren, während andere Autohersteller verlangen, dass Sie ein komplett neues Auto kaufen. Wenn Sie in einem Design- und Produktionszyklus mit Benutzer-Feedback-Informationen so schnell arbeiten können, dass Ihre Kunden und Konkurrenten die Änderung nicht einmal registrieren können, bevor Sie mit der nächsten Aktualisierung fertig sind, haben Sie gewonnen.

Dieser spezielle Ansatz zeigt, wie Tesla aufgrund seiner Fachkenntnisse im Bereich Software und Hardware in der Lage sind, Kunden, die bei traditionellen Automobilherstellern durch die Maschen fallen würden, inkrementelle Optionen wie diese anzubieten und ihre Autos ständig weiterzuentwickeln. Der Einfluss von Tesla auf die Entwicklung der ganzen Automobilindustrie ist immens. Tesla arbeitet nach Scrum, der weltweit verbreitetsten agilen Methode.

Agilität

 Dieses Kapitel beleuchtet alle Grundüberlegungen zu Agilität.

Was bedeutet Agilität im Kern?

Bei Agilität handelt es sich bei Weitem nicht um ein gänzlich neues Thema. Der Begriff existiert bereits seit knapp 70 Jahren und tauchte seither schon in den unterschiedlichsten Facetten und Abwandlungen auf. Doch spätestens seit Beginn der Digitalisierung erhielt Agilität mehr und mehr an Bedeutung. Heute ist der Begriff kaum noch wegzudenken. Aber trotz oder gerade wegen der Aktualität ist der Begriff oftmals nicht klar definiert. Agilität ist letztlich vielschichtig. Die folgenden Eigenschaften der Agilität helfen eine Definition zu finden:

» Geschwindigkeit,
» Anpassungsfähigkeit,
» Kundenfokus,
» Mindset.

Unter Geschwindigkeit und Anpassungsfähigkeit versteht man, dass Unternehmen und Organisationen schnell und dynamisch auf plötzlich eintretende Veränderungen reagieren müssen. Dieser Aspekt geht Hand in Hand mit dem Kundenfokus, der eine zentrale Rolle einnimmt. Dieser Aspekt profitiert von der hohen Anpassungsfähigkeit eines agilen Unternehmens. Gewährleistet wird die Kundenorientierung beispielsweise durch kurze Arbeitszyklen und iteratives Arbeiten – also das Voranschreiten in verhältnismäßig kleinen Schritten. Essenziell ist des Weiteren das sogenannte agile Mindset, also die gewohnte Denkweise der Mitarbeiter einer Organisation. Es unterstützt vor allem die agil arbeitenden Unternehmen, gegenseitig auf Augenhöhe und wertschätzendem Umgang zu kooperieren.

Agilität kann demnach durchaus als höchste Form der Anpassungsfähigkeit verstanden werden. Unternehmen, die das agile Mindset verinnerlicht und ihre Strukturen darauf angepasst haben, können plötzlich auftretende Veränderungen zeitnah annehmen und im besten Fall sogar antizipieren. Dadurch können sie ihren Konkurrenten immer mindestens einen, wenn nicht gar zwei Schritte voraus sein. Sie reagieren nicht nur einfach. Sie lernen ständig hinzu und optimieren stetig ihre Prozesse, um ihre Wettbewerbsfähigkeit stetig aufrechtzuerhalten.

Meiner Meinung nach ist Agilität deshalb ein sehr wichtiger Erfolgsfaktor, um im gegenwärtigen Wirtschaftsumfeld erfolgreich zu bestehen.

Um Agilität im eigenen Unternehmen einzusetzen und anzuwenden, gibt es verschiedene agile Methoden. Sie fungieren meist als Rahmen- und Regelwerk und erleichtern somit eine erfolgreiche Umsetzung. Im Jahre 2001 veröffentlichten mehrere Softwareentwickler das Agile Manifest. Darin formulierten sie auf ihren Erfahrungen basierende Ideen, Prinzipien und Werte, die auf Agilität beruhen. Diese sollten zu einem besseren Vorgehen bei der Softwareentwicklung führen. Hierauf folgten im Laufe der Zeit einige agile Methoden, wie zum Beispiel SCRUM, die sicherlich bekannteste in der agilen Welt.

Videotipp:

Das Video „Was ist Agilität? 😃 Agilität erklärt! 🚀" auf dem YouTube Kanal von Agile Heroes ist ein sehr hilfreiches Video, um Agilität zu verstehen und weitere Einsichten zu erhalten. Das ▶ Video findest Du unter:

www.youtube.com/watch?v=DAV5xGAVexw&list=PLqTqbdnMb cB8uafDRSg2Iy-n5aWaVx8hP

Woher stammt der Begriff Agilität?

Tatsächlich ist es wichtig, auf die Historie des Begriffes zurückzublicken: Der Ursprung des Konzepts liegt in den 1950er-Jahren. Damals hat der amerikanische Soziologe Talcott Parsons vier Anforderungen erkannt, die jedes System bzw. Unternehmen erfüllen muss, damit es erfolgreich und stabil existieren kann. Konkret spricht er von folgenden Bedingungen:

» Ein System bzw. Unternehmen muss dazu in der Lage sein auf äußere Bedingungen zu reagieren (Adaption),
» Ziele zu definieren und zu verfolgen (Goal Attainment),
» Zusammenhalt herzustellen und zu gewähren (Integration) und
» grundlegende Strukturen aufrechtzuerhalten (Latency).

Nimmt man die Anfangsbuchstaben der englischen Begriffe und führt sie zusammen, so erhält man das sogenannte AGIL-Schema, welches diese vier Anforderungen zusammenfasst. Im Laufe der Zeit hat sich das AGIL-Schema weiterentwickelt und an die verschiedenen, von der Zeit gestellten Anforderungen angepasst.

In den 1990er-Jahren kam unter anderem der Begriff „Agile Manufacturing" auf, dessen Fokus auf schnellere Produktentwicklung mit agilen Teams und Prozessoptimierung während des laufenden Prozesses lag.

Heutzutage gewinnt das Thema im Zuge der Diskussion um die Industrie 4.0 wieder mehr an Aktualität und Gehör. Anfang der 2000er-Jahre rückte auch der Begriff „Agile Softwareentwicklung" massiv in den Fokus und ist bis heute relevant. Vorangetrieben wurde die Agile Softwareentwicklung unter anderem durch das „→Agile Manifest".

Außerdem profitiert die Agile Softwareentwicklung stark von der Methode Scrum, denn keine Methode wird weltweit häufiger eingesetzt, um agile Projekte zu managen. Inzwischen werden mehr als 90 Prozent aller agilen Projekte mit Scrum gemanagt, während mehr als 12 Millionen Menschen weltweit Scrum nutzen. Inzwischen steigt auch die Verwendung anderer agilen Methoden wie Design Thinking und →Kanban rapide, allerdings ist Scrum weiterhin die meistgenutzte Methode.

Was ist das Agile Manifest?

Wer sich mit Agilem Projektmanagement beschäftigt, hat sicherlich schon vom „Agilen Manifest" gehört. Das →Agile Manifest ist quasi der gemeinsame Nenner, auf den sich verschiedenste Vertreter von Softwareentwicklungsmethoden im Jahre 2001 geeinigt haben. Insgesamt 17 von ihnen haben hierin ihre gemeinsame Vorstellung bezüglich agiler Softwareentwicklung zusammengetragen. Zu diesen gehörten auch die Scrum-Erfinder Jeff Sutherland und Ken Schwaber. Insofern ist in das Agile Manifest auch der *spirit* von Scrum mit eingeflossen.

Das Agile Manifest wurde mit folgendem Anspruch verfasst: „*We are uncovering better ways of developing software by doing it and helping others do it. Through this work we have come to value:*" Übersetzt: „Wir erschließen bessere Wege, Software zu entwickeln, indem wir es selbst tun und anderen dabei helfen. Durch diese Tätigkeit haben wir diese Werte zu schätzen gelernt". Das Agile Manifest umfasst insgesamt vier sich gegenseitig gegenübergestellte Wertepaare und zwölf einzelne Prinzipien.

Was sind die vier Wertepaare des Agilen Manifests?

Die Wertepaare des agilen Manifests stellen jeweils zwei Werte paarweise gegenüber. Letztlich schätzen die Verfasser des Agilen Manifests alle diese Werte als wichtig ein. Jedoch werden die zuerst genannten →Values als noch wichtiger als die zweiten Values, siehe hierzu folgende Auflistung.

Individuen & Interaktionen	... ÜBER PROZESSE UND WERKZEUGE
Funktionierende Software	... ÜBER UMFASSENDE DOKUMENTATION
Kooperation mit Kunden	... ÜBER VERTRAGS-VERHANDLUNGEN
Reaktion auf Veränderung	... ÜBER PLANERFÜLLUNG

Was sind die vier Wertepaare des Agilen Manifests?
Quelle: SCRUM - Das Erfolgsphänomen einfach erklärt, UVK Verlag, S. 38

» Individuen und Interaktionen über Prozesse und Werkzeuge
» In vielen Projekten wird versucht, Fortschrittsmessung und Kommunikation anhand von Tools oder Prozessen zu implementieren. Man versucht also Kommunikation zu organisieren oder auch Prozesse im Projekt zu standardisieren. Der Hintergedanke ist folgender: Wenn alles eindeutig mit Prozessen definiert ist und die richtigen Tools eingesetzt werden, muss das Projekt erfolgreich sein. Die Annahme dabei ist demnach: Der Mensch hat sich also diesen Prozessen und Tools zu „unterwerfen" – und wenn er dies tut, dann macht dies auch das Projekt erfolgreich. Im Gegensatz hierzu geht man im Rahmen des Agilen Manifests davon aus, dass persönliche Kommunikation und Interaktion zwischen Menschen beziehungsweise Projektteammitgliedern immer einer Lösung zuträglich sind. Es werden also weniger ein Tool oder ein Prozess in den Vordergrund gestellt, sondern der Mensch selbst mit seinen kommunikativen Fähigkeiten und seiner Motivation. Hier geht man davon aus, dass dies ausreicht, um effektiv und erfolgreich in der Projektarbeit zu sein.
» Funktionierende Software über umfassender Dokumentation
» Da Agilität seine Ursprünge in der IT begründet, kann in diesem Fall ebenfalls das Produkt mit Software gemeint sein. Letztlich fasst dieses Wertepaar zusammen, dass es darum geht, ein funktionierendes Produkt beziehungsweise eine funktionierende Software zu entwickeln. Oft wird im Projekt insbesondere in der Fachkonzeption viel Wert auf Dokumentation gelegt. Es werden sehr viele Dokumente, wie beispielsweise Fachkonzepte, Fachspezifikationen etc., produziert, die letztlich nur indirekt benötigt werden. Viele davon gehen auch nicht in das Endprodukt ein. Das →Agile Manifest stellt mit diesem Wertepaar sicher, dass es letztlich nicht um Zwischenberichte, sondern rein um das Endprodukt geht. Alles andere ist zwar „schönes Beiwerk", jedoch nicht primäres Projektziel beziehungsweise Hauptendprodukt des Projektes. Insofern soll hierauf so viel wie möglich verzichtet werden.

» Kooperation mit dem Kunden über Vertragsverhandlungen

» Oft ist im Rahmen von IT-Projekten festgelegt, dass alle Leistungen, die in ein Produkt oder eine Software einfließen müssen, auch vertraglich festgehalten werden. Es fließt demnach viel Zeit in die Verhandlung und beispielsweise das nachgelagerte Servicelevel und Servicemanagement. Oft wird gerade bei Dienstleisterbeziehungen mehr darüber diskutiert, welche Leistungen und Produkteigenschaften in einem Vertrag festgehalten werden und welche nicht. Gerade in Projekten der App- und Softwareentwicklung ist so oft viel Zeit in vertragliche und rechtliche Diskussionen geflossen, anstatt einfach weiter am Produkt zu arbeiten beziehungsweise diese Zeit direkt ins Produkt zu investieren.

» Das Agile Manifest löst sich von dieser sehr vertraglichen und rechtlichen Sicht auf die Produktentwicklung und der Bereitstellung von Dienstleistungen. Es stellt vielmehr den Kunden mit deinen Bedürfnissen in den Mittelpunkt. Das oberste Ziel ist demnach, auf pragmatische Weise Lösungen mit dem Kunden zu erarbeiten. Der Maßstab ist die maximale Kundenzufriedenheit. Diese wird als wichtiger angesehen als rechtliche Vereinbarungen oder Vertragsverhandlungen.

» Reaktion auf Veränderung über Planerfüllung

» Planung ist ein essenzieller Bestandteil des klassischen Projektmanagements. Es wird viel Zeit mit Projektplanung verbracht und damit die genaue Erfüllung dieser Pläne. Diese Sicht ist, wenn man die agile „Brille" aufzieht, sehr starr. Im Rahmen von agilen Projekten stehen die kurzfristige Anpassung und Adaption auf sich verändernde Rahmenbedingungen im Vordergrund. Flexibel zu reagieren hat absoluten Vorrang vor Planerfüllung. Deswegen werden insbesondere bei agilen Methoden wie Scrum auch keine detaillierten Projektpläne für die gesamte Projektlaufzeit erstellt. Vielmehr werden jeweils einzelne Etappen beziehungsweise →Sprints „auf Sicht" geplant. Und es erfolgt immer nach einer Etappe iterativ eine Reflektion des Erreichten. Erst danach wird besprochen, welche Ziele in der nächsten Etappe angegangen werden.

Was sind die 12 Prinzipien aus dem Agilen Manifest?

Die 12 Prinzipien im →Agilen Manifest konkretisieren die Botschaften aus den vier Wertepaaren. Die folgenden aufgezählten Prinzipien wurden dem Agilen Manifest entnommen. Die Prinzipien sind so klar aufgeführt, dass sie keine weitere Konkretisierung oder Interpretation erfordern und für sich so stehen bleiben können.

- » Kundenzufriedenheit
- » Unsere höchste Priorität ist es, den Kunden durch frühe und kontinuierliche Auslieferung wertvoller Software zufrieden zu stellen.
- » Anforderungsänderungen als Wettbewerbsvorteil
- » Heiße Anforderungsänderungen selbst spät in der Entwicklung willkommen! Agile Prozesse nutzen Veränderungen zum Wettbewerbsvorteil des Kunden.
- » Regelmäßige Auslieferung in kurzen Zeitspannen
- » Liefere funktionierende Software regelmäßig innerhalb weniger Wochen oder Monate und bevorzuge dabei die kürzere Zeitspanne!
- » Tägliche Zusammenarbeit im Projekt
- » Fachexperten und Entwickler müssen während des Projektes täglich zusammenarbeiten.
- » Teams aus motivierten Individuen
- » Errichte Projekte rund um motivierte Individuen. Gib ihnen das Umfeld und die Unterstützung, die sie benötigen, und vertraue darauf, dass sie die Aufgabe erledigen!
- » Kommunikation von Angesicht zu Angesicht
- » Die effizienteste und effektivste Methode, Informationen an und innerhalb eines Entwicklungsteams zu übermitteln, ist im Gespräch von Angesicht zu Angesicht.
- » Funktionierende Software
- » Funktionierende Software ist das wichtigste Fortschrittsmaß.
- » Nachhaltigkeit
- » Agile Prozesse fördern nachhaltige Entwicklung. Die Auftraggeber, Entwickler und Benutzer sollten ein gleichmäßiges Tempo auf unbegrenzte Zeit halten können.
- » Technische Exzellenz

» Ständiges Augenmerk auf technische Exzellenz und gutes Design fördert Agilität.
» Einfachheit
» Hierunter versteht man, dass die Kunst, die Menge nicht getaner Arbeit zu maximieren, essenziell ist.
» Selbstorganisierende Teams
» Die besten Architekturen, Anforderungen und Entwürfe entstehen durch selbstorganisierte Teams.
» Regelmäßige Reflektion und Anpassung
» In regelmäßigen Abständen reflektiert das Team, wie es effektiver werden kann, und passt sein Verhalten entsprechend an.

 Was ist Business Agility?

Es ist wichtig bei der Agilität zwischen →Personal Agility und →Business Agility zu unterscheiden. Dennoch ist in der Literatur meist von der Business Agility die Rede. Es fallen auch noch weitere Begriffe wie beispielsweise Team Agility, die im Internet zu finden sind. Auch das hat nichts mit Business Agility zu tun, obwohl all diese Themen miteinander in Verbindung stehen.

Business Agility, übersetzbar als Geschäftsagilität, bezieht sich auf die Fähigkeit eines Geschäftssystems bzw. eines Unternehmens, schnell auf Veränderungen zu reagieren, indem es seine anfänglich stabile Struktur anpasst.

Das Unternehmen kann aufrechterhalten werden, indem Produkte – sowohl Waren als auch Dienstleistungen – angepasst werden, um die Kundenanforderungen zu erfüllen, sich an die Veränderungen in einem Geschäftsumfeld anzupassen und die verfügbaren Humanressourcen optimal zu nutzen. In einem geschäftlichen Kontext ist Agilität demnach die Fähigkeit einer Organisation, sich schnell, produktiv und kostengünstig an Markt- und Umweltveränderungen anzupassen.

Dazu gehören eben auch agile Unternehmen, die bezogen auf deren Organisation, die Prinzipien komplexer adaptiver Systeme nutzt, um die Komplexität zu vermindern und Erfolge zu erzielen. Geschäftsagilität ist das Ergebnis der organisatorischen Intelligenz und der Übernahme von agilen Methoden und Techniken.

Was ist Personal Agility?

Personal Agility thematisiert die persönliche Beweglichkeit und Einstellung. →Personal Agility ist demnach ein einfacher Rahmen für Menschen, die mehr erreichen und durch ihre Handlungen eine größere Wirkung erzielen wollen. Dies ist im Hinblick auf die begrenzt verfügbare Zeit für einen Mitarbeiter ein wichtiger Aspekt.

Personal Agility zielt also darauf ab in regelmäßigen Abständen über die Ziele und Absichten nachzudenken, damit jeder sicherstellen kann, ob die richtigen Dinge getan werde oder ob eine bestimmte Aufgabe gar unterlassen werden soll, wenn diese keinen weiteren Nutzen im Hinblick auf das gesetzte Ziel bringt.

» Im geschäftlichen Kontext kann Personal Agility bedeuten, dass Manager und ihre Mitarbeiter in die Lage versetzt werden, eine hohe Übereinstimmung und Transparenz über Ziele, Prognosen und erzielte Meilensteine zu erreichen.

» In einem privaten Kontext können sich Ehepartner und Partner gegenseitig coachen, um gemeinsam Ziele zu setzen und zu erreichen.

» Und als Berater oder Coach kann Personal Agility dazu nutzen, die Kunden in die Lage zu versetzen, die wichtigen Lebens- und Arbeitsziele zu erkennen und darauf hinzuarbeiten.

Um nochmals auf die Frage und dem persönlichen Mehrwert zurückzukommen ist wichtig auszuführen, dass in einem dynamischen Umfeld, in der das Tempo des Lebens so hoch ist wie nie zuvor, es immer wichtiger wird, auf eigenen Füßen zu stehen und sich schnell und positiv anpassen zu können.

Bei der persönlichen Beweglichkeit geht es im Wesentlichen also auch um die dynamische Fähigkeit, wie man auf Situationen rechtzeitig und innovativ reagieren kann, wenn es notwendig ist. Aufgeschlossenheit gegenüber Veränderungen und das Ausloten verschiedener lösungsorientierter Ansätze werden jedem helfen, mit Volatilität, Unsicherheit und Komplexität besser umzugehen. Jeder Mensch hat die Fähigkeit, die Art und Weise, wie man auf Umstände reagiert, auszuwählen und gegebenenfalls zu ändern. Die Kultivierung der Beweglichkeit wird die kognitive Funktion verbessern und dabei helfen, ein besserer Entscheidungsträger und Problemlöser zu sein. So kann auch unnötiger Stress reduziert werden. Überforderung wird vermieden.

Was sind die Voraussetzungen für Agilität?

Eine Voraussetzung für Agilität ist der Wille zur Veränderung. Dieser Wille muss auf allen Geschäftsebenen idealerweise vorhanden sein, damit die Implementierung von Agilität gelingt. Da Agilität eine Veränderung der Denkweise ist, ist es unerlässlich, dass sie auf allen Ebenen der Organisation angenommen und implementiert wird. Agilität Top-Down und Bottom-Up anzuwenden erfordert jedoch, dass Teams vom Produktverantwortlichen bis zu den IT-Teams schnell und funktionsübergreifend agieren und dabei in kurzen Release-Zyklen – und vor allem in einer transparenten Umgebung – kontinuierlich Feedback geben. Es reicht nicht aus, wenn nur die Managementebene Veränderungen will.

Ein Problem ist oft, dass von Mitarbeitern selbstständiges Arbeiten erwartet wird. Wenn sie dann aber klare Ideen für Veränderungen artikulieren, scheitert es am Festhalten an alten und festgeschriebenen Prozessen. Agile Teams benötigen unbedingt einen gewissen Spielraum, denn ohne Entscheidungsspielraum gibt es keine Veränderungen.

Das führt zu einem verwandten Aspekt: Zu viele Projekte bedingen, dass die Mitarbeiter an zu vielen Dingen parallel arbeiten. Paralleles Arbeiten ist allerdings immer eine schlechte Idee, vor allem beim agilen Arbeiten – dort hat die Teamarbeit einen hohen Stellenwert. Dementsprechend sollte der hundertprozentige Fokus der Mitarbeiter in das agile Projekt im Idealfall vorausgesetzt sein.

Neben dem Willen nach Veränderung ist auch wichtig, dass sich das Unternehmen über das Wozu klar wirst. Viele Unternehmen wollen agil werden, weil es andere auch sind, aber das Warum fehlt. Der Grund für die agile Transformation ist essenziell, denn es bestimmt auch den Willen und die daraus resultierende Kultur, die im Unternehmen vorherrschen sollte. Denn wenn alle möglichen Vorkehrungen getroffen sind, kann die Kultur die einzige Voraussetzung für Agilität sein, die nicht getroffen wurde. Was genau alles zur Unternehmenskultur gehört und wie wichtig in diesem Falle die Werte sind, muss an anderer Stelle beantwortet werden.

Es ist aber essenziell zu betonen, dass wenn von Agilität gesprochen wird, von Zusammenarbeit, Kommunikation, Transparenz und davon, der Bereitstellung von Geschäftswerten gegenüber starren Fristen den Vorzug zu geben, die Rede ist. Am Ende des Tages ist dies eine Änderung der Denkweise, die bedeutet, alte Praktiken loszuwerden und neue Arbeitsmethoden zu akzeptieren.

Es gibt viele weitere Voraussetzungen, die auch innerhalb der nächsten Fragen ersichtlich werden. Allerdings ist eine große Voraussetzung die Akzeptanz bei der Veränderung zu agilen Budgets und Kennzahlen. Änderungen in den Finanz- und Budget-Codes sind die Achillesferse jeder Organisation. Der beste Ansatz hierbei ist es, klein anzufangen.

Ein verbreiteter Startpunkt ist dabei die Agilität nach und nach zu implementieren, indem Budgets transparenter gestaltet werden und die Bürokratie für einen schnelleren Genehmigungsablauf reduziert wird. Die Budgetierung wird ebenfalls durch die Veränderung, dass agile Teams nicht mehr in Projekten arbeiten, sondern an Produkten, vereinfacht. Wenn ein Haus gebaut wird, dann macht ein Projekt durchaus Sinn: Es wird geplant, es wird gebaut und es ist fertig. Es gibt in den meisten Fällen keine Version zwei von diesem Haus. Es ist einfach fertig.

Anders ist es in der Produktarbeit. Unternehmen haben Produkte, Software und Hardware. Selten ist es so, dass diese Produkte wirklich fertig sind. Sie werden nämlich weiterentwickelt und leben. Deswegen macht es Sinn agile Teams auf die Produktarbeit zu fokussieren. Diese Veränderung ist eine Voraussetzung, die ebenfalls nicht in jedem Unternehmen in der Praxis möglich oder gewollt ist.

Wie kann man Agilität umsetzen?

Wie genau Agilität in jedem Unternehmen umgesetzt werden kann, ist vollkommen unterschiedlich. Es gibt Unternehmen, die sich für eine bestimmte Methode entscheiden, wie beispielsweise Scrum, und danach alle weiteren Prozesse und die Organisation danach ausrichten. Diese strikte und schnelle Umsetzung birgt viele Vorteile, aber eben auch große Nachteile: Da eine große Ungewissheit besteht direkt alles zu verändern und das Risiko dementsprechend hoch ist, entscheiden sich viele Unternehmen für eine schrittweise Implementierung von Agilität.

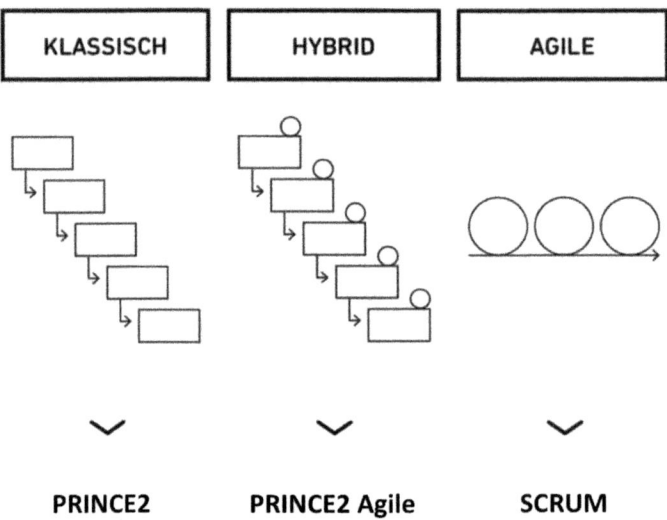

Wie kann man Agilität umsetzen?
Quelle: SCRUM - Das Erfolgsphänomen einfach erklärt, UVK Verlag, S. 23

Dies kann in Verbindung mit einer bestimmten Methode sein, aber auch mit den generellen Grundgedanken des agilen Arbeitens, welche in vorherigen Fragen, wie beispielsweise bezüglich des →Agilen Manifest, thematisiert werden. Bei dieser verbreiteten Vorgehensweise ist es wichtig zu erwähnen, dass es dabei kein Richtig oder Falsch gibt. Jedes Unternehmen ist anders und entsprechend verläuft die Umsetzung unterschiedlich. Auch das Ausmaß der Implementierung unterscheidet sich deutlich.

In jedem Unternehmen gibt es Bereiche und Prozesse, die von Agilität profitieren würden. Konkret hält aber der Einführungsaufwand und der damit verbundene Veränderungsprozess viele Unternehmen dagegen häufig davon ab, Methoden zu ändern. Sie bleiben vorzugsweise bei ihrer altbekannten Herangehensweise. Dabei muss man als Unternehmen nicht gleich ein komplettes Framework, wie Scrum oder →Kanban, einführen. Änderungen lassen sich auch Schritt für Schritt, also abseits der Frameworks, umsetzen.

Die anzustrebenden Prozessanpassungen betreffen zwei Bereiche: das agile Team und das agile Projekt. Jegliche Anpassungen in den beiden Bereichen lassen sich unabhängig voneinander einführen. Ein typischer erster Schritt ist beispielsweise die regelmäßige Kommunikation zu forcieren.

In einem täglichen Meeting zu Beginn des Tages tauschen sich die Teammitglieder darüber aus, woran sie an diesem Tag arbeiten. Das Meeting sollte nicht länger als 15 Minuten dauern und stehend im Teamraum durchgeführt werden. In der agilen Welt nennt man dies Meeting Daily.

Ein weiterer typischer Schritt bei der Umsetzung ist kurze Feedbackschleifen einzuführen. In einem regelmäßig durchgeführten Meeting reflektiert das Team die letzten Wochen. Was lief gut? Was kann verbessert werden? Aus jedem Meeting sollte mindestens ein Punkt für Verbesserungen mit konkreten Aktionen entstehen. Die Punkte werden in den folgenden zwei Wochen umgesetzt und so der Prozess im Team stetig verbessert.

Zusätzlich zu den zwei bereits aufgeführten Schritten wird in der Praxis oft der Fortschritt transparent dargestellt. Auf einem Board an der Wand wird für jedes Teammitglied transparent dargestellt, wer gerade an welcher Aufgabe arbeitet. Ebenso werden die Aufgaben, die bereits erledigt sind und die Aufgaben, die als nächstes anstehen, visualisiert. Die Aufgaben können zum Beispiel auf Post-Its geschrieben und in die drei Spalten „To do", „In progress", „Done" sortiert werden. Jeder Aufgabe, die in der „In progress"-Spalte hängt, ist ein verantwortlichen Mitarbeiter zugeordnet. Falls eine Aufgabe längere Zeit in der „In progress"-Spalte hängt, kann nun jeder helfend eingreifen und fragen, wie er unterstützen kann.

Diese Beispiele zeigen konkret, welche Möglichkeiten es gibt bei einer schrittweisen Umsetzung von Agilität bis hin zu der vollständigen Implementierung einer Methode wie beispielsweise Scrum, Design Thinking, →Kanban oder Lean.

Videotipp:
Das Video „Was ist Agiles Projektmanagement? 😕 Agiles Projektmanagement erklärt! 🦯" auf dem YouTube Kanal von Agile Heroes ist ein sehr hilfreiches Video, um Agiles Projektmanagement zu verstehen, welches essentiell für die Umsetzung von Agilität ist. Das ▶ Video findest Du unter:
www.youtube.com/watch?v=Z-WXx53oPW4

Welche Arbeitskultur ist für die Umsetzung von Agilität wichtig?

Die Kultur des Unternehmens ist oft ein entscheidender Punkt für das Scheitern von Agilität. Eine stabile und offene Kultur ist wichtig für Mitarbeiter, da sie als Anhaltspunkt dient. Dies wird aber oft unterschätzt. Es braucht lange, um sie zu verändern sowie zu festigen. Kultur muss bewusst eingesetzt werden. Sie ist die Schlüsselkompetenz einer Firma und kann erhebliche Wettbewerbsvorteile schaffen.

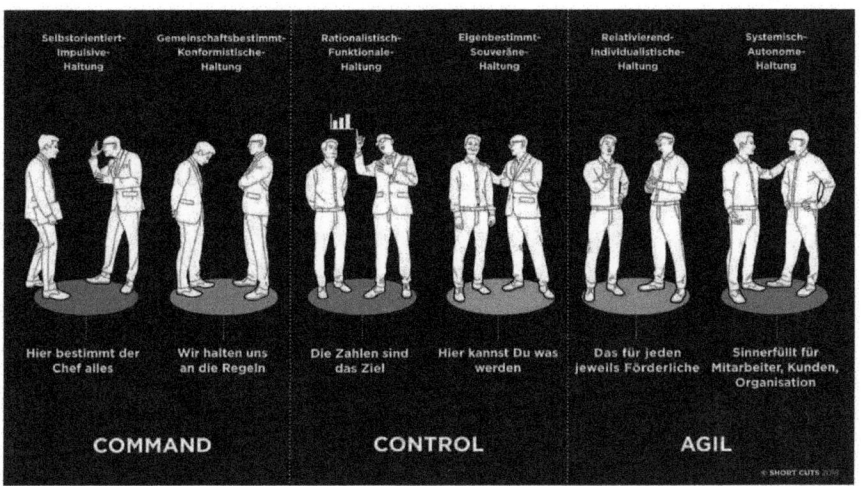

Selbstorientiert-Impulsive-Haltung	Gemeinschaftsbestimmt-Konformistische-Haltung	Rationalistisch-Funktionale-Haltung	Eigenbestimmt-Souveräne-Haltung	Relativierend-Individualistische-Haltung	Systemisch-Autonome-Haltung
Hier bestimmt der Chef alles	Wir halten uns an die Regeln	Die Zahlen sind das Ziel	Hier kannst Du was werden	Das für jeden jeweils Förderliche	Sinnerfüllt für Mitarbeiter, Kunden, Organisation
COMMAND		CONTROL		AGIL	

Welche Arbeitskultur ist für die Umsetzung von Agilität wichtig?
Quelle: https://die-werteentwicklung.de/blog/artikel/scrum-und-kanban-allein-machen-ein-unternehmen-noch-lange-nicht-agil/

Ein wichtiger Aspekt hierbei ist, dass agiles Arbeiten nicht darauf abzielt solange an einem Produkt zu feilen, bis es als perfektes Produkt auf den Markt gebracht werden kann. Stattdessen werden Produkte in den Markt eingeführt und dann stetig und iterativ, an den Kundenbedürfnissen ausgerichtet. In einem solchen Umfeld ist es jedoch wahrscheinlich, dass Fehler passieren und es auch zu Situationen des Scheiterns kommt. Damit sich die Teammitglieder vertrauen, neue Ideen einzubringen, Verbesserungsvorschläge zu machen und Entscheidungen zu treffen, muss daher eine Kultur des Scheiterns etabliert werden. Ein „sicherer Platz", an dem man sich frei entfalten kann und neue Denkweisen gefördert werden. Die Kultur des Scheiterns besagt, dass es dazugehört, Fehler zu begehen. Denn gerade aus ihnen kann das ganze Unternehmen wahnsinnig gut lernen. Wichtig ist dabei, dass die Fehler und die Schlussfolgerungen daraus geteilt werden und über sie diskutiert wird.

Sobald die Mitarbeiter spüren, dass Scheitern zum Prozess gehört und akzeptiert wird, führt es dazu, dass sie aus ihrer Komfortzone herausgehen und über den Tellerrand hinausblicken. „Was ist wichtig für das Unternehmen?" wird über „Was ist wichtig für mich?" gestellt.

Auch eine Vertrauenskultur ist sehr wichtig für den Erfolg. Sie ist die Grundlage für mehr Entscheidungsfreiheit in schwierigen und problematischen Situationen und fördert schnelle Reaktion auf äußere sowie innere Einflüsse. Somit bildet sie die Basis für selbstorganisierte Teams. So kann Mikromanagement, bei der die Führungskraft seine Teams ständig beobachtet und kontrolliert, vermieden werden. Eine Vertrauenskultur muss jedoch aktiv von den in allen Ebenen des Unternehmens kommuniziert und gelebt werden. Generell ist all das nichts Neues, allerdings tritt dieses Thema in Verbindung mit der Implementierung von Scrum immer öfter in der Praxis auf.

> **Videotipp:**
> Für die Umsetzung von Agilität ist eine offene Feedbackkultur und die Motivation des Teams essentiell. In dem Video „Dein Neurohack für mehr Team-Motivation! 🚀 – Agile Heroes MeetUp" gibt Egon Schiebel praktische Tipps, wie man die Arbeitskultur für agiles Arbeiten verbessern kann. Das ▶ Video findest Du unter: www.youtube.com/watch?v=I7sR_ht-4Mw

In welchen Situationen sollten Teams Agilität thematisieren und implementieren?

Es gibt viele Gründe für die Implementierung von Agilität, die bereits in anderen Fragen aufgeführt wurden. Der größte Grund für Teams ist die neue Arbeitsweise, die durch das agile Arbeiten entsteht. Die Teams erhalten eine größere Verantwortung und sind bei der Entwicklung des Produktes von höherer Wichtigkeit als zuvor. Die eingehende Verantwortung stellt sich oftmals als ein Schub an Motivation für die Mitarbeiter dar, da sie durch Agilität mehr Freiheiten im Entwicklungsprozess erhalten, aber auch klarer ihre Resultate im Endprodukt sehen. Dies ist auch der Grund warum die agilen Methoden oft von den Teams und Mitarbeitern thematisiert werden. Dies ist vor allem an dem Beispiel von Scrum zu sehen. Entwickler, die bereits nach Scrum gearbeitet haben und somit in selbstorganisierten Teams gearbeitet haben, sehen es als Rückschritt in klassisch gemanagte Teams zu gehen.

Genauso wirkt es sich im Bereich Ideen Findung bei Design Thinking oder mit dem Thema OKR bei der Zieldefinierung. Da die größere Verantwortung und Freiheit wichtige Faktoren für die Teams sind, die zur Implementierung von Agilität oft führen, gibt es auch einzelne Gegebenheiten, die die Teams als nicht attraktiv empfinden und somit einen Einfluss auf deren Motivation und Freude im Unternehmen haben.

Was sind die wichtigsten in der Praxis angewandten agilen Methoden?

Es ist leichter zu verstehen, was hinter Agilität und ddenie in der Praxis angewandten Methoden steht, wenn man zwischen agilen Werten, Prinzipien, Techniken und Methoden unterscheidet.

- » →Agile Werte bilden das Fundament.
- » Agile Prinzipien basieren auf den agilen Werten und bilden Handlungsgrundsätze.
- » Agile Techniken sind konkrete Verfahren zur Umsetzung der agilen Prinzipien.
- » Agile Methoden geben den agilen Techniken eine Gesamtstruktur.

Agile Methoden sind Vorstrukturierungen auf der Ebene von Prozess-modellen. Hier werden Prinzipien und Techniken zu einem schlüssigen Prozess kombiniert. Im Allgemeinen müssen diese Methoden für jedes Projekt und Projektumfeld mehr oder weniger angepasst werden. Da diese aber auch die meist verwendete Vorgehensweise in der Praxis ist, wird sich dieses Buch mit diesen Methoden auseinandersetzen.

Scrum ist die am meisten in der Praxis angewandten Methode. Design Thinking hat in den letzten Jahren ebenfalls an großer Relevanz gewon-nen und befindet sich unter den wichtigsten angewandten Methoden. Es kommt am Anfang eines Projekts zum Einsatz bei der Ideenfindung und Innovation. Wenn ein Unternehmen eine grobe Idee für ein mögliches Produkt hat oder wenn es noch gar nicht weiß, wohin die Reise gehen wird, dann wird in der Praxis Design Thinking angewandt.

→Kanban ist eine weitere, weit verbreitete agile Methode und setzt dabei sehr stark auf Visualisierung. Hier kommt im Kern das Kanban Board zum Einsatz, das den Prozess von der Planung bis zur Realisierung abbildet. Zusätzlich ist das Thema Lean in der Agilität nicht zu vergessen. Hier gilt es zwischen →Lean Start-up und Lean Management zu unterscheiden. Lean Management ist ein Ansatz der kontinuierlichen Prozessoptimierung und umfasst die effiziente Gestaltung der gesamten Wertschöpfungskette. Mit Hilfe verschiedener Lean-Methoden, Verfahrensweisen und Denkprinzipien verfolgt das „schlanke Management" das Ziel, Prozesse zu harmonisieren und ein ganzheitliches Produktionssystem ohne Verschwendung zu schaffen. Und das über alle Unternehmensbereiche hinweg.

Weitere Methoden, wie beispielsweise →OKR, sind ebenfalls in der Praxis weit verbreitet und werden weiterhin die Agilität vorantreiben. OKR ist ein Beispiel von einem Framework, welches bei der Zielfindung und Mitarbeiterbeteiligung hilft und an Relevanz durch den Erfolg von großen Unternehmen wie Google oder LinkedIn gewonnen hat.

 Welche Methoden sind wann angebracht?

Um die Chancen zu erhöhen mit Agilität erfolgreich zu bleiben beziehungsweise zu werden, ist es wichtig zu verstehen, wann es Sinn macht, eine Methode zu implementieren und wann nicht.

Das beste Beispiel hierfür ist Scrum, denn es ist ein riesiger Trend, der aber nicht zu jedem Unternehmen oder jeder Abteilung passt. Scrum ist vor allem dann angebracht, wenn es noch nicht klar ist, wie ein Projekt oder eine Dienstleistung final aussehen wird. Die Unvorhersagbarkeit ist ein klarer Pluspunkt für den Einsatz von Scrum, damit schnell auf Veränderungen reagiert werden kann.

Mit Design Thinking kann man Produkte und Dienstleistungen entwickeln. Design Thinking ist folglich also ein Problemlösungstool, das erfolgreich in Innovationsprozessen genutzt wird. Es ist eine sehr wirksame Methode, die man für digitale und physische Produkte, Services, Prozesse oder Geschäftsmodelle einsetzen kann. Dementsprechend wird also klar, dass dem Design Thinking Einsatz keine Grenzen aufgezeigt werden. Es ist aber vor allem dann sinnvoll, wenn Unternehmen mit dem Erarbeiten von neuen Innovationen Probleme haben oder dies verbessern wollen.

Außer den beiden zuvor genannten Methoden, die in der Praxis meist getrennt voneinander eingesetzt werden, ist es wichtig →Kanban zu erwähnen, denn es wird oft in enger Verbindung mit Scrum eingesetzt. Dies ist möglich, weil Kanban sich zu bestehenden Abläufen integrieren lässt. Wer Kanban in seinem Team einsetzt, möchte den Workflow verbessern und damit gleichzeitig die Produktivität und die Qualität des Endprodukts steigern. Kanban zählt zu den agilen Methoden und macht als solche die Arbeitsabläufe sehr viel flexibler.

Die vierte agile Methode, die in diesem Buch thematisiert wird, ist Lean Management. Lean Management wird vor allem in gestanden Unternehmen implementiert, die über die Jahre an Effizienz verloren haben und somit deren Erfolg in Gefahr sehen. Hauptziel des Lean Managements ist es, sämtliche Prozesse und Aktivitäten so aufeinander abzustimmen, dass jegliche Art von Verschwendung entlang der Wertschöpfungskette vermieden wird. Auch das Personal wird in die Lean-Management-Unternehmensphilosophie einbezogen, damit die Mitarbeitermotivation zielorientiert gestärkt wird. Die Kostensenkung und Kundenorientierung sind daher die Hauptansatzpunkte, die das Unternehmen stärken soll.

Videotipp:
Eine hilfreiche Software, welche in vielen Methoden angewandt wird, ist Jira. In dem Video „Was ist Jira? 🙂 Jira erklärt! 🎬" kannst Du weitere Einblicke diesbezüglich erhalten, um entscheiden zu können, ob Jira ebenfalls für dein Projekt hilfreich sein könnte. Das ▶ Video findest Du unter:
www.youtube.com/watch?v=2GQRoQlsPrA&list=PLqTqbdnMbc B_NT2qD3qNOtOyFA4uvsoYW&index=7

Was sind die Grenzen von Agilität?

Die Grenzen von Agilität kommen im hochregulativen Kontext auf. Hierzu zählen zum Beispiel das Banken, Versicherungen oder die Pharmabranche. All diese Branchen stehen unter starken Regulationen und Vorgaben, welches eine innovative Ansatzweise erschwert, denn es gibt weniger Freiräume etwas Neues zu kreieren oder auch keine Möglichkeiten auf neue Anforderungen zu reagieren, denn es gibt Sie nicht in der Vielfalt wie in anderen Branchen.

Ein weiterer Fall, der die Grenzen von Agilität aufzeigt, ist, wenn das Projektergebnis schon feststeht. Das Ziel ist so klar, dass es wie vorher erwähnt, auch keinen Freiraum mehr gibt. Zusätzlich zu klar definierten Projekten und regulativen Umgebungen, gibt es auch Projekte, die eine klare Struktur benötigen, wie beispielsweise ein Bauprojekt: Wenn ein Hochhaus gebaut wird, gibt es selbstverständlich viele Vorschriften also Regulationen, allerdings bedarf es generell ein hohes Maß an Struktur. Was also kann man in einem Bauprojekten von den agilen Ideen übernehmen? Beispielsweise ist es möglich zu definieren, bis zu welchem Zeitpunkt es in welchen Bereichen Änderungen geben darf. Oder umgekehrt: Man kann definieren, welche Parameter zu welchem Zeitpunkt definiert sein müssen. Anhand dieser Beispiele lassen sich die Grenzen von Agilität betrachten, die außerhalb des Unternehmens stattfinden. In vielen Fällen werden jedoch die Grenzen der Agilität innerhalb eines Unternehmens auch sichtbar. Diese Grenzen werden in der folgenden Frage thematisiert.

Was sind die Grenzen von Agilität innerhalb eines Unternehmens?

Oft bleibt der Erfolg aus, wenn Unternehmen versuchen jene Agilität, die im Kleinen im Projekt funktioniert, auf die gesamte Organisation auszuweiten. In vielen Fällen kommt es zu unzufriedenen Mitarbeitern oder Ineffizienzen. So gut das Konzept der Agilität in kleinen Einheiten funktioniert, so stößt es als Organisationmodell oft an seine Grenzen. Warum?

Weil bei vielen Agilisierungsinitiativen der wichtigste Faktor – der Mensch – vergessen wird. Nicht jeder Mitarbeiter ist dafür geschaffen und auch gewillt, selbstorganisiert zu arbeiten, sich immer wieder auf neue Teams einzulassen, regelmäßige Entscheidungen zu treffen und sich permanent weiterzuentwickeln. Diese Wahrheit wird häufig vergessen oder als eine nicht mehr zeitgemäße abgetan.

Tatsache ist aber, dass ein Unternehmen nur so agil sein kann wie seine Mitarbeiter. Zusätzlich bringt das Arbeiten in agilen Strukturen den Mitarbeitern nicht nur Freiheiten, sondern stellt auch hohe Anforderungen. Neben Eigenverantwortung gehören dazu insbesondere Kritikfähigkeit, Kommunikationsfähigkeit, die Fähigkeit der Selbstreflexion sowie eine ausgeprägte Beziehungsfähigkeit. All diese Fähigkeiten sind ein Produkt persönlicher Reife oder Einstellung. Diese Reife ist kein Selbstverständnis bei allen Mitarbeitern, sondern das Ergebnis lebenslanger Weiterentwicklung, welches auch oft im Rahmen des Themas, Agiles Mindset, angesprochen wird.

Allerdings ist nicht nur die eingeschränkte Agilität des Menschen ein Faktor, sondern oftmals auch die ungeklärte Rolle der Führungskräfte. Viele Agile Systeme stellen Führungskräfte vor das Paradox einerseits Verantwortung für Prozesse und Ergebnisse zu tragen und andererseits Selbstorganisation und Selbststeuerung zuzulassen. Diese Balance zu finden überfordert oftmals Führungskräfte. Das Ergebnis ist, dass Sie sich entweder auf eins fokussieren oder auf das andere: während die einen ihre Tätigkeit nur mehr darin sehen, hin und wieder ein paar motivierende Worte fallen zu lassen und sich ihrer Führungsverantwortung zu sehr entziehen, fallen andere sukzessive wieder in traditionelle Arbeitsweisen zurück und zerstören so das agile System. Zudem verbleibt die Verantwortung vor den Stakeholdern und für das Produkt grundsätzlich bei der Führungskraft.

All diese genannten Aspekte bringen in vielen Unternehmen Konflikte hervor. Agile Strukturen wirken in vielen Fällen konfliktfördernd: Zum einen tun sie das, weil sie hierarchische Strukturen und Abteilungsgrenzen auflösen und damit auch die bekannten Prozesse und Abteilungen, die das Miteinander in Zaum hält, lockern. Hinzu kommt, dass deswegen aber das klassische Gerangel um Zuständigkeiten keineswegs verschwindet Auch die Thema Selbstverantwortung und Selbstorganisation bringen in der Praxis oftmals Konfliktpotenziale hervor, vor allem wenn der Druck aufkommt, dass das Produkt fristgerecht geliefert werden muss. In diesem Fall kann die Selbstorganisation mit möglichen persönlichen Interessen in der Gruppe die Emotionalität und somit das Konfliktpotenzial erhöhen. Letztlich bietet das Prinzip der rotierenden Rollen, das vielen agilen Ansätzen zugrunde liegt, gleichermaßen wie fluide Teamstrukturen für Mitarbeitende wesentlich weniger Möglichkeiten, ihr Grundbedürfnis nach Zugehörigkeit zu befriedigen. Das Ergebnis sind Mitarbeiter, die sich um ihre Rolle bzw. ihrem Titel wofür Sie vielleicht schon ihre ganze Karriere gearbeitet haben und somit eine Identität aufgebaut haben, betrogen fühlen und mit Angst und Widerstand reagieren.

Design Thinking

 Dieses Kapitel erklärt den Beitrag von Design Thinking zur Agilität eines Unternehmens.

Was ist Design Thinking?

Design Thinking ist zugleich eine Methode und auch ein Denkansatz. Der Design Thinking-Prozess hat zum Ziel möglichst viel Kreativität aus allen beteiligten →Stakeholdern eines Vorhabens heraus zu bekommen. So will Design Thinking auch höchst komplexe Hindernisse, Probleme oder auch Aufgaben aus dem Weg schaffen und den Weg für Innovationen ebnen. Diese sind in der Theorie und meist auch in der Praxis das Produkt bzw. Ergebnis des Design Think-Prozesses. Ähnlich wie bei anderen agilen Methoden ist der Prozess hauptsächlich auf den Kunden bzw. den Nutzer oder User fokussiert. So bindet man Kunden beziehungsweise Nutzer oder User schon zu einem sehr frühen Zeitpunkt des Produktlebenszyklus mit ein. Hierfür nutzt Design Thinking diverse Methoden, die dem Kunden dabei helfen, dem Team seine Wünsche zu kommunizieren.

In gewisser Weise stellt die Methode gar eine eigene Philosophie dar, die gleichzeitig Kreativität, Innovation und Kundennähe sicherstellen soll. Deshalb kann man Design Thinking nicht nur als Methode, sondern auch als Denkweise, Mindset oder auch als Prozess definieren. Der Begriff selbst lässt sich im Übrigen sehr gut mit „kreatives Denken" übersetzen. Design Thinking ist eine überaus spannende Methode, mit der man der Kreativität des eigenen Unternehmens oder eines Teams die ein oder andere Innovation entlocken kann. Richtig angewandt, können Unternehmen so ihrer Konkurrenz immer einen Schritt voraus sein.

Zusammenfassend bedeutet das, dass Design Thinking eine systematische Herangehensweise an komplexe Problemstellungen aus allen Lebensbereichen ist. Der Ansatz geht weit über die klassischen Design-Disziplinen wie Formgebung und Gestaltung hinaus. Im Gegensatz zu vielen Herangehensweisen in Wissenschaft und Praxis, die von der technischen Lösbarkeit die Aufgabe angehen, stehen Nutzerwünsche und -bedürfnisse sowie nutzerorientiertes Erfinden im Zentrum des Prozesses.

Gerade in Startups ist Design Thinking die Methode, um Innovation zu fördern und Kreativität freizusetzen; insbesondere, wenn wenige Daten vorhanden sind beziehungsweise das Problem noch recht unspezifisch und sehr komplex ist. Die Design Thinking-Methoden werden natürlich auch in großen Unternehmen genutzt, vor allem um Produkte und Dienstleistungen zu optimieren, neue Zielgruppen und Nischen zu erschließen und wenn die Problemstellungen sehr nutzerzentriert ist.

Videotipp:
Das Video „Was ist Design Thinking? 😌 Design Thinking erklärt! 💡" auf dem YouTube Kanal von Agile Heroes ist ein sehr hilfreiches Video, um Design Thinking und dessen wichtigste Elemente zu verstehen. Das ▶ Video findest Du unter:
www.youtube.com/watch?v=1ozEnvwc0Hc&list=PLqTqbdnMbcB
_NT2qD3qNOtOyFA4uvsoYW&index=2

Warum wird Design Thinking angewandt?

Wie bereits angedeutet ist das Ziel dieser Methode, dass Organisationen, Unternehmen oder Teams sogar ein vermeintlich aussichtsloses Problem auf kreative und innovative Art lösen können. Natürlich kann diese agile Methode aber auch für das Entwickeln neuer, innovativer Geschäftsideen, Geschäftsfelder oder Produkte verwendet werden. Das übergeordnete Ziel ist Innovation. Innovationen müssen nicht die gesamte Welt verändern, sie können auch „klein" und dennoch sinnvoll sein. Wenn ein Team mit Design Thinking beispielsweise eine Lösung für ein internes Problem löst, dann ist das durchaus als kleine Innovation für das Team und das Unternehmen dar. Auch dafür ist diese agile Methode durchaus nützlich und jegliche Investition wert.

Wenn bei Design Thinking von einer Methode gesprochen wird, dann ist hiermit die individuell festgelegte Vorgehensweise gemeint, die den Aufbau eines Design Thinking-Prozesses beschreibt. Dieses Vorgehen kann für die unterschiedlichsten Zwecke ausgearbeitet werden. Hierfür gibt Design Thinking diverse Hilfestellungen, Werkzeuge und Abläufe an die Hand. Ein Team oder Unternehmen sollte deshalb immer über einen Experten auf diesem Gebiet nachdenken, der durch den Prozess führt. Beispielsweise kann er dabei helfen, die richtigen Methoden für die jeweiligen Teams und Unternehmen auszuarbeiten und zu analysiere, ob sie den gewünschten Erfolg bringen.

Immer häufiger verwenden Unternehmen die Idee hinter Design Thinking auch als Inspirationsquelle für ihre eigene Unternehmenskultur. Hauptelemente, wie zum Beispiel das Fördern der Kreativität und von Ideen, werden hierbei auf Mitarbeiter angewandt. So wird der allgemeine Arbeitsalltag angepasst und – wie bei anderen agilen Methoden – auf mehr Wertschätzung und ein verbessertes Mindset optimiert. Oftmals wenden Unternehmen sogar kreativitätsfördernde Maßnahmen auf ihre Räumlichkeiten an und versuchen so, den Mitarbeitern mehr Komfort zu bieten.

Hierzulande finden diese Prozesse noch viel zu selten statt, weshalb viel kreatives Potenzial der Mitarbeiter auf der Strecke bleibt. Denn eins ist klar: Unternehmen, die auf die Kreativität ihrer internen Experten setzen, legen eine Menge Innovationskraft frei. Der Fokus auf den Kunden und dessen absolute Zufriedenheit machen diese Methode zu einem Paradiesvogel unter den klassischen Projektmanagementmethoden. Mit dieser Innovationstechnik brechen traditionelle Unternehmen aus ihren Komfortzonen aus und ebnen sich so selbst den Weg für aufregende neue Innovationen, Ideen und Ansätze. Und dies ist in der heutigen Welt noch wichtiger als je zuvor, denn durch die Schnelligkeit und dem großen Druck in der Wirtschaft sehen sich Unternehmen gezwungen neue Produkte in immer kürzeren Abständen auf den Markt zu bringen, um letztendlich wettbewerbsfähig zu bleiben.

Woher kommt Design Thinking?

Der Ursprung von Design Thinking lässt sich bereits auf den Anfang des vergangenen Jahrhunderts zurückführen. Die grundlegenden Ideen und Prinzipien haben ihre Wurzeln bereits in den 1920er Jahren. Damals wurde in der Bauhaus-Bewegung der Grundsatz *form follows function* populär. Dies bedeutet, dass danach gestrebt wurde, Gegenstände nach Funktionen, nicht nach Ästhetik zu entwickeln. Dies ist auch eines der Kernprinzipien von Design Thinking.

In den 1970er Jahren wurde Systems Thinking immer beliebter. Dies beschreibt eine Methode, Probleme in komplexen Systemen zu lösen. Wie beim Design Thinking ist es wichtig, sich nicht zu früh auf eine Lösung festzulegen. Die bekanntesten Väter von Design Thinking sind der Informatiker Terry Winograd und David Kelly, der Gründer der Innovationsagentur IDEO aus Kalifornien. In Deutschland gilt der SAP-Gründer Hasso Plattner als einer der wichtigsten Pioniere von Design Thinking.

In den 1980er Jahren führte David Kelley erstmals die Design Thinking-Phasen in seiner Agentur ein. Insbesondere der Fokus auf die ersten Phasen, die sich ausschließlich damit befassen, Problem und Nutzerverhalten zu verstehen, revolutionierte das Innovationsmanagement.

Wie kann man Design Thinking implementieren?

Zu Beginn legt man gewisse Rahmenbedingungen fest, zum Beispiel das Budget oder die zur Verfügung stehenden Ressourcen eines Teams oder Unternehmens. Anschließend geht man die iterativen Prozesse immer wieder durch und wird von Iteration zu Iteration detailreicher und lässt Feedback einfließen.

Hierbei gilt: Scheitern ist erwünscht. Denn aus diesen Fehlern lernt man. Es gibt bei Design Thinking demnach kein Naturgesetz, was bedeutet, dass die Phasen anpassbar sind. In vielen Fällen wird von sechs oder auch acht Phasen gesprochen. Es gibt aber auch Unternehmen, die mehr oder weniger Phasen haben. Man muss zunächst daran glauben und dann die einzelnen Elemente implementieren. Hilfreich für die Implementierung ist es auf die folgenden vier Grundpfeiler zu achten:

» die gemeinsamen Prinzipien,
» die Festlegung bestimmter Rahmenbedingungen,
» das Verständnis des Prozesses und
» die Zusammenstellung des Teams.

Diese Aspekte sollten bereits während der Vorbereitungsphase festgelegt werden. Die frühzeitige Definition dieser Aspekte gewährleistet eine klare Gestaltung des weiteren Design Thinking-Prozesses.

Um Design Thinking erfolgreich zu implementieren, muss eine bestimmte Unternehmenskultur gegeben sein. Dieses Umfeld mit entsprechenden Werten und Prinzipien ist essenziell. Diese Prinzipien beziehen sich auf ein agiles Mindset, welches erlaubt Fehler zu machen – sogar wünscht.

Außerdem steht der Nutzer im Zentrum des Problems beziehungsweise der daraus resultierenden Ideen. Nur wenn das Team den Standpunkt und Bedürfnisse des Kunden wirklich kennt, kann es erfolgreich nachhaltige Lösungen generieren. Um das zu erreichen, dürfen auch „verrückte" Ideen geäußert und verfolgt werden. Kreativität soll dadurch gefördert werden und somit auch zu Offenheit führen. Für diesen Prozess ist es wichtig, dass Teammitglieder auf Augenhöhe kommunizieren und eine konstruktive Feedback-Kultur etablieren.

Anders als bei anderen agilen Methoden ist vor allem bei Design Thinking die Räumlichkeit sehr wichtig: Möbel, Material und Werkzeuge sollten flexibel genutzt werden können. Hierbei ist es wichtig keine Angst vor Chaos während den Anfangsphasen des Prozesses zu haben. Das Generieren von einer Vielzahl von Ideen kann unter Umständen etwas chaotisch wirken, welches aber innerhalb des Design Thinking-Prozesses durchaus gewollt ist, bevor es zu einem klaren Fokus kommt. Außerdem ist es essenziell für die Implementierung Rahmenbedingungen festzulegen bevor man mit dem Design Thinking-Prozess beginnt. Dies ist wichtig, damit alle Teammitglieder sowie Stakeholder ein gemeinsames Verständnis des Prozesses, von der Philosophie und dem Nutzen dieser Herangehensweise vereint. Nur wenn Transparenz und die Motivation gegeben sind, kann ein Design Thinking-Prozess vollständig erfolgreich sein.

Lesetipp:
Mehr Inhalte bezüglich Design Thinking und Beispielen für die Implementierung findest du in der Fachliteratur der Agile Heroes. Das Buch Design Thinking findest Du unter: www.agile-heroes.de/buch/

Wie sollte ein Team für Design Thinking aufgestellt sein?

Interdisziplinarität und verschiedene Sichtweisen zu generieren ist das wichtigste für den Design Thinking-Prozess, denn während dieses Prozesses fragt man sich kontinuierlich: Was braucht der Nutzer? Was kann dem Nutzer helfen? Was stört den Nutzer?

Darauf kann es viele Antworten geben. Deshalb war es den Design Thinking-Vätern wichtig, interdisziplinäre Teams zu bilden. Je mehr Experten, Blickwinkel und Ansätze, desto besser. Interdisziplinarität wird bei der Zusammensetzung des Design Thinking Teams daher großgeschrieben. Die Teammitglieder sollten gemeinsam über ein breites Wissen zum vorliegenden Thema, sowie individuelle tiefergehende Expertise verfügen. Dadurch gewinnt das Unternehmen eine gewisse Multiperspektivität und kann das Problem aus verschiedenen Blickwinkeln betrachten.

Auf Titel sollte, wie auch bei der agilen Methode Scrum, weitestgehend verzichtet und stattdessen Rollen vergeben werden wie beispielsweise ein Sales Experte, welcher Kunden oder Nutzer besonders gut kennt oder ein Stratege, der die Vision im Blick behalten soll und viele mehr. Des Weiteren ist es hilfreich, verschiedene Menschentypen in einem Team zu vereinen: Querdenker, Idealisten, Kritiker, Mediatoren und Fans, die als Multiplikatoren agieren. In der Regel setzt sich ein Team aus drei bis sechs Personen zusammen. Bei komplexeren Projekten werden mehrere Teams gebildet, die sich beispielsweise verschiedenen Nutzergruppen widmen. Es gibt verschiedene Gründe, warum Teams eine gewisse Größe nicht überschreiten sollten. Eine dieser Gründe ist die exponentiell steigende Komplexität der Kommunikation, die mit der Größe des Teams in Verbindung steht. Dieser Grund ist der gleiche wie bei Scrum.

Was ist die Rolle eines Agile Coaches oder eines Design Thinking-Leiters?

In der vorherigen Frage wurde das Team bereits thematisiert, allerdings ist es wichtig zu wissen, dass es nicht explizit vorgegeben ist, welche Rollen es im Team geben muss oder wer welche Aufgaben und Verantwortlichkeiten übernehmen soll. Gerade wenn Design Thinking für viele Teilnehmer noch Neuland ist, ist es ratsam, einen Leiter zu benennen. Diese Rolle wird in der Praxis auch oft durch den →Agile Coach erfüllt.

Oftmals ist dies ein externer Berater, der den Prozess als Moderator begleitet. Der Prozessleiter oder Change Manager sollte die Teilnehmertypen und ihre Stärken bereits vorab kennenlernen und analysieren. Aufgaben des Design Thinking-Leiters sind

» die Auswahl der Methoden in den jeweiligen Phasen,
» die Zusammenstellung von kleineren Teams zum Durchführen verschiedener Aufgaben,
» das Hinweisen auf das →Timeboxing,
» die Materialbeschaffung,
» die Schlichtung von Konflikten innerhalb des Teams und
» die Vorbereitung von Präsentationen.

Des Weiteren sollte der Leiter darauf achten, dass eine regelmäßige Kommunikation zu den Stakeholdern stattfindet.

Wie startet man den Design Thinking-Prozess?

Bevor das Team mit dem eigentlichen Design Thinking-Prozess beginnt, ist es empfehlenswert ein Kick-off Meeting zu veranstalten. Hierzu sollten alle →Stakeholder und das Team eingeladen werden. Wurde ein Projektleiter, Design Thinking-Leiter oder →Agile Coach ernannt, sollte dieser das Meeting leiten. Ziel des Meetings ist, die Design Thinking Challenge, also die Problem- oder Aufgabenstellung, zu betrachten und zu formulieren.

Die Design Thinking Challenge beschreibt die eigentliche Problemhypothese, wie z. B. „wir brauchen ein System für die Kundenakquise". Auch wenn am Anfang des Projekts noch niemand weiß, wie die eigentliche Lösung aussehen wird, müssen Aufgabenstellung und Rahmenbedingungen mit allen Stakeholdern kommuniziert werden. Nachdem der Leiter die Challenge präsentiert hat, kann diese im Anschluss von allen Teilnehmern „auseinandergenommen" werden. In diesem Zuge können die Teilnehmer die einzelnen Begriffe genau definieren, Verbindungen und Einschränkungen diskutieren und bereits potenzielle Nutzergruppen nennen.

Des Weiteren sollten alle Informationen, die bereits bestehen, gesammelt werden, z. B. welche Personen in den Prozess mit einbezogen werden; welche Ressourcen, Artikel und Best Practices zur Verfügung stehen, und welche Experten unterstützen können. Außerdem sollte der Zeitrahmen für die ersten drei Phasen des Prozesses festgelegt werden.

In diesem Workshop geht es jedoch noch nicht um das Budget für die spätere Umsetzung der Lösung. Im Anschluss können mögliche Alternativen für die Formulierung der Challenge besprochen und gesammelt werden. Die Teilnehmer können aus den Alternativen die passendste Challenge wählen. Sinnvoll ist es, wenn jeder Teilnehmer kurz erläutert, warum er für eine bestimmte Challenge stimmt. Nur wenn die Challenge klar formuliert wurde, kann der eigentliche Design Thinking-Prozess beginnen.

Alle Teilnehmer sollten jedoch wissen, dass sich die Challenge im Laufe des Projektes durchaus ändern kann, da bis dato nur mit Annahmen gearbeitet wird, die während des Prozesses durch die Einbindung von Nutzern geprüft werden. Zum Schluss wird ein zweiter Workshop, der →Lösungsraum Kick-off-Workshop der am Ende von Phase 3 stattfindet, vereinbart.

Welche beiden Räume gibt es im Design Thinking-Prozess?

In der Praxis wird der Design Thinking-Prozess häufig als Double Diamond – doppelter Diamant – bezeichnet. Denn er besteht aus zwei Räumen, die nacheinander durchschritten werden und die häufig als zwei verbundene Rauten dargestellt werden: wie zwei Diamanten. Diese zwei Räume sind der →Problemraum und der →Lösungsraum.

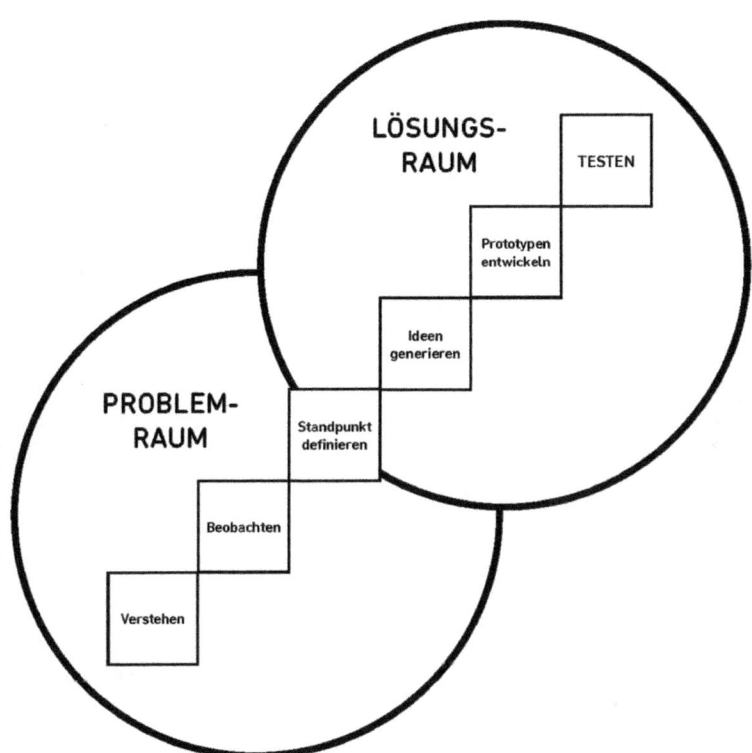

Welche beiden Räume gibt es im Design Thinking-Prozess?
Quelle: Design Thinking - Innovationen erfolgreich umsetzen, UVK Verlag, S. 30

Die Challenge mit der das Team in den Prozess startet ist das, wovon der Auftraggeber glaubt, dass es das Problem beschreibt, das es zu lösen gilt. Der Problemraum ist noch ganz klein. Aber häufig beschreibt die Challenge nur ein Symptom. Das, was die Kunden wirklich möchten, gilt es erst noch herauszufinden.

Das Team betritt den Problemraum und macht ihn zunächst ganz weit. Das bedeutet: Es nutzt alle Sinne, mit denen es mehr über das Problem herausfinden kann, das hinter der Challenge steckt. Hierfür werden viele unterschiedliche Methoden angewendet, die dabei helfen sollen: Es geht darum den Kunden zu verstehen und zu erleben. Nachdem das Team ausreichend Feldforschung betrieben hat, macht es den Problemraum wieder eng. Das Team fokussiert sich nun auf das, was hinter der Challenge steht. Das eigentliche Problem des Kunden. Möglicherweise ist das nicht eindeutig. Dann sollte das Team priorisieren und das wichtigste Kernproblem als Thema wählen.

An dieser Stelle des Prozesses vereinigt man beide Räume in dem man eine Sichtweise wählt, mit der man in den Lösungsraum geht. Das Team steht gerade genau an der Engstelle zwischen →Problemraum und →Lösungsraum und hat das Kernproblem der Kunden identifiziert. Jetzt braucht das Team wieder Platz. Dies bedeutet den Lösungsraum wieder weit zu machen. Hier ist es wichtig kreativ zu sein und viele Ideen zu entwickeln, um das Problem zu lösen. Also muss sich das Team nicht beschränken. Allerdings wird, wenn die Zeit reif ist, der Raum wieder eng gemacht. Diese Idee wird gewählt, um einen Prototyp zu erstellen.

Die Aufteilung in Problem- und Lösungsraum ist ein Schritt, der in der Praxis oft vernachlässigt wird und den gesamten Prozess somit beeinträchtigt. Es ist oft der Fall, dass alle Beteiligten denken, dass das Problem klar ist. Es empfiehlt sich jedoch Zeit damit zu verbringen, das Problem und die Situation richtig zu verstehen und erst danach nach Lösungen zu suchen, statt beides gleichzeitig zu machen. Hierfür übernimmt der Design Thinking-Leiter eine sehr wichtige Rolle, denn er garantiert die Einhaltung des zuvor festgelegten Prozesses.

Wie verläuft der Prozess von Design Thinking?

Es gibt viele Ausprägungen in der Literatur und von Unternehmen von dem Design Thinking-Prozess. Der bekannteste umfasst sechs design Thinking-Phasen:

1. Verstehen
2. Beobachten
3. Sichtweise definieren
4. Ideen finden
5. Prototyp entwickeln
6. Testen

Untergliedert sind diese Phasen auf die zwei Räume, welche in der vorherigen Frage beschrieben wurden.

Lesetipp:
Für mehr Inhalte diesbezüglich finden Sie die Design Thinking Fachliteratur der Agile Heroes unter: www.agile-heroes.de/buch/

Was versteht man unter der Phase Verstehen?

Die erste Phase ist Teil des →Problemraums. In Phase 1 werden der Ist-Zustand und dessen Herausforderungen definiert und vertieft. Dies kann zum Beispiel mit ersten Expertengesprächen, Recherche aus Praxis und Forschung und Nutzeranalysen erreicht werden. Basierend darauf definiert das Team erste Erkenntnisse und Annahmen. Wichtig ist es, noch nicht in Lösungen zu denken, sondern lediglich den Status quo und das Problem zu verstehen. Dies ist in der Praxis schwer, denn Teilnehmer springen oft schon in den Lösungsraum, was noch nicht gewollt ist.

Albert Einstein hat einmal gesagt „Wenn ich eine Stunde Zeit hätte, um ein Problem zu lösen, würde ich 55 Minuten damit verbringen, über das Problem nachzudenken, und fünf Minuten über die Lösung nachdenken." Diese Herangehensweise sollte auch beim Design Thinking bedacht werden. Erst wenn das Team die unbewussten, oftmals versteckten Bedürfnisse der Nutzer identifizieren und verstehen, kann das Team wirklich innovative, erfolgreiche Produkte und Dienstleistungen entwickeln.

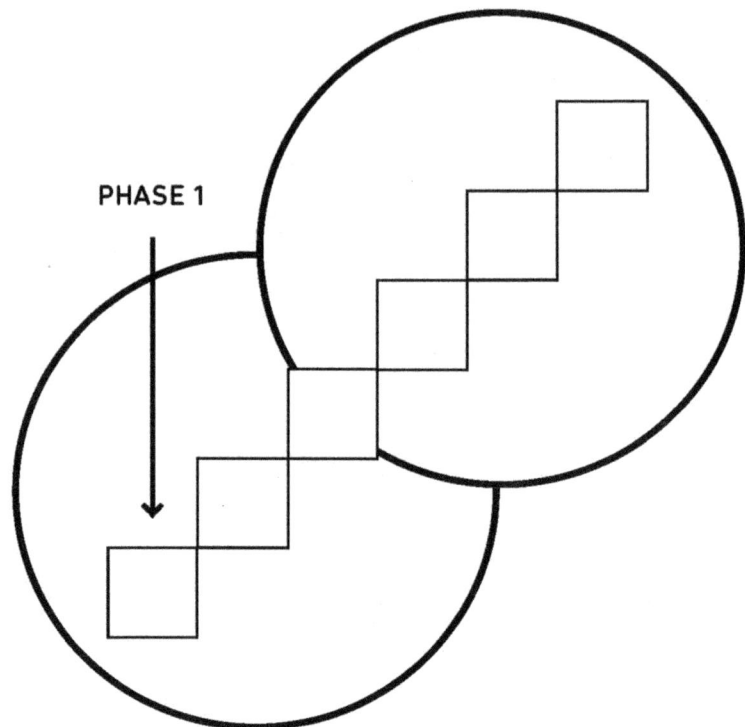

PHASE 1

Was versteht man unter der Phase Verstehen?
Quelle: Design Thinking - Innovationen erfolgreich umsetzen, UVK Verlag, S. 36

Es gibt viele Methoden, die angewendet werden können, aber nicht alle müssen innerhalb einer Phase ausprobiert werden. Hier sollte der Design Thinking-Leiter auswählen. Techniken, die in der ersten Phase genutzt werden, sind beispielsweise

- » Brainstorming,
- » Semantische Analyse,
- » Sweet & Sour Spot Methode,
- » User Journey Map und
- » Value Chain.

Bei all diesen Techniken ist das Ziel, wie auch die Bezeichnung dieser Phase zeigt, alles zu „verstehen". Es geht also darum, so viele Informationen wie möglich zu sammeln und das Team arbeitsfähig zu machen. Alle Teammitglieder werden auf den gleichen Wissensstand gebracht indem es den User, das Problem oder das Produkt wirklich versteht. Oft basieren diese Ergebnisse vorerst nur auf Annahmen, die in den weiteren Phasen bestätigt oder widerlegt werden. Am Anfang sollte jedoch nicht nur festgehalten werden, was wir wissen, sondern was wir denken nicht zu wissen. Das hört sich auf den ersten Blick zwar widersprüchlich an, bedeutet aber lediglich, dass auch die Themen, zu denen noch keine konkreten Erkenntnisse vorliegen, die aber wichtig sein könnten, festgehalten werden.

Hierbei kann es auch passieren, dass Teams Erkenntnisse gewinnen, von denen die Mitglieder nicht gewusst hatten, dass sie es nicht wissen. Dies sind also völlig neue Erkenntnisse über die Nutzer, deren Bedürfnisse, Hindernisse und Ziele. Es ist demnach sinnvoll in dieser Phase mehrere Techniken zu verwenden, um neue Erkenntnisse zu generieren.

Was versteht man unter der Phase „Beobachten"?

Die zweite Phase hat das Ziel das Problem aus Sicht des Nutzers zu vertiefen und zu beobachten. Die allgemeine Datenerhebung steht hierbei im Vordergrund, um zu verifizieren, ob das zuvor Verstandene wirklich zutrifft. Alternativ könnten die Hypothesen auch falsch sein. Das Team möchte Nutzerverhalten und Nutzertypen im Detail verstehen und sogenannten Insights – tiefergehende Einsichten – generieren.

Auch für diesen Schritt gibt es wieder unterschiedliche Techniken, die genutzt werden können. So können Teams beispielsweise durch eine Datenanalyse und durch sogenannte Synthese-Methoden zu quantitativen Ergebnissen kommen. Zum anderen können durch Feldstudien, die auch in den Sozialwissenschaften angewandt werden, qualitative Ergebnisse generiert werden.

Ideal ist die Kombination dieser beiden Techniken, um Wissen über die Bedürfnisse des Nutzers zu generieren und zu vertiefen. Folgende Methoden können beispielsweise angewandt werden:

» Stilles Beobachten,
» Interviews oder auch
» Dot Voting.

Vor allem Interviews sind in der Praxis sehr verbreitet, da es viele unterschiedliche Varianten davon gibt. Denn den Teams gelingt es dadurch gute Ergebnisse zu erzielen. Es ist wichtig, dass das Team den Prozess und die Interviews dokumentiert, um anhand der gewonnenen Daten die richtigen Hypothesen zu finden. Am Ende sollte das Team ausreichend Wissen haben und somit als Experten des Problems den Design Thinking-Prozess weiterführen.

Was versteht man unter der Phase Sichtweise definieren?

Die dritte Phase des Design Thinking-Prozesses wird in der Praxis auch oft Linse genannt, da es nun darum geht die Ergebnisse zu konvergieren bzw. zusammenzufassen. Während in den vorangegangenen zwei Phasen die Vorgehensweise divergierend war, also viele Hypothesen gesammelt wurden und viele Erkenntnisse gewonnen wurden, geht es nun um das Gegenteil: Es muss konvergiert und fokussiert werden.

Das Ziel der Phase „Standpunkt generieren" ist das Problem aus Sicht des Nutzers neu zu definieren. Dabei können Tools und Techniken wie Personas oder →User Storys helfen. In Phase 3 verwendet das Team die Erkenntnisse aus den ersten beiden Phasen, um den Kern des übergeordneten Problems für bestimmte Nutzergruppen sehr genau zu analysieren. Nachdem das Team in Phase 1 und 2 die Nutzergruppen genau kennenlernten, definiert das Team nun konkrete Standpunkte, also Points of View.

 **PERSONA TEMPLATE**

Foto / Zeichnung	Name, Alter	Zitat
	Hintergrund	
	Job / Titel	

Hindernisse	Bedürfnisse
Verantwortlichkeiten	Wünsche
Stakeholder	Kompetenzen

Kompetenzen:

Gelegenheitsnutzer ------------------ Power-User
Proaktiv -------------------------------- Reaktiv
Teamplayer ---------------------- Einzelkämpfer
Globaler Fokus -------------------- Lokaler Fokus
Innovativ ---------------------------- Konservativ

Was versteht man unter der Phase Sichtweise definieren?
Quelle: Design Thinking - Innovationen erfolgreich umsetzen, UVK Verlag, S. 67

Die Definition von Standpunkten ist besonders hilfreich für den gesamten Prozess, da das Team inspiriert wird, weiterzuarbeiten und eine Grundlage entsteht, um Entscheidungen treffen zu können. Somit erhält man einem Fokus auf das Problem, da die wichtigsten Blickwinkel auf das Problem herausgearbeitet werden. Die Methode der Persona ist für die Phase die am meisten genutzte Methode, weil somit verstanden wird, welche Bedürfnisse, Wünsche, Herausforderungen und Eigenschaft die Zielperson hat.

Während dieser Phase wird auch die Verbindung zum ersten Workshop, also dem Start des Design Thinking-Prozesses wiederhergestellt. Es ist tatsächlich wichtig, das Problemstatement beziehungsweise die Challenge, die während des Kick-off-Workshops formuliert wurde, anzupassen. Die überarbeitete Design Thinking Challenge sollte demnach folgende Elemente beinhalten: Wer, also der Nutzer, das Ziel und der Grund beziehungsweise das Bedürfnis. Hierbei ist es wichtig, das Statement positiv zu formulieren. Es sollte keine fertigen Lösungen beinhalten und nicht zu eng formuliert werden, so dass keine Lösung von Vornherein ausgeschlossen wird. Die Formulierung des Problemstatements ist äußerst wichtig, da wir hier in einem Satz, verständlich für alle, auf den Punkt bringen, wo Potenzial für Innovation liegt. Spontan möchte das Team oftmals direkt auf ein Problemstatement mit einer Lösung antworten. Dies soll jedoch vermieden werden, denn durch offensichtliche Lösungen werden keine innovativen Ideen entstehen. Erst wenn festgehalten wurde, welches Problem für welchen Nutzertypen gelöst werden soll und warum, kann mit dem Prozess fortgefahren werden. In dieser Phase dürfen auch mehrere Challenges formuliert werden, die sich auf verschiedene Nutzertypen beziehen. Im Lösungsphasen Kick-off-Workshop wird dann entschieden, welche beiden Challenges weiterverfolgt werden.

Was versteht man unter der Phase „Ideen finden"?

Die vierte Phase des Prozesses ist eine sehr wichtige, denn das Team geht von dem Problemraum in den Lösungsraum über. Doch bevor dies geschieht, wird meist nach Abschluss der dritten Phase wieder ein Kick-off-Workshop, wie am Anfang des Prozesses und wie bereits am Ende der vorherigen Frage thematisiert, organisiert. Hier werden auch die Stakeholder wieder eingeladen, um den aktuellen Stand des Projektes zu präsentieren. Dies ist vor allem bei einem mehrwöchigen Prozesse sinnvoll.

Ziel des Workshops ist es, die aktuellen Ergebnisse vorzustellen, Experten zu hören und weitere Entscheidungen zu treffen. Dabei könnte der Ablauf des Workshops unterschiedlich gestaltet werden. Typisch ist es jedoch das Team präsentieren zu lassen, welche Erkenntnisse erzielt wurden und wie sich dies auf den Nutzertypen und das Problem Statement, also der Challenge, auswirkt. Es ist wichtig hierbei vieles visuell darzustellen, um den Wissenstransfer möglichst effizient zu gestalten. Hier können Stakeholder und Experten aus dem Unternehmen Feedback geben, um im Nachgang dann die Entscheidung zu treffen, welches Problemstatement beziehungsweise welche Challenge verfolgt wird. Dieser Schritt ist essenziell, da in der vierten Phase innovative Ideen entwickeln werden sollen. Finanzielle Entscheidungen werden auch hier noch außen vorgelassen. Am Ende des Workshops sollte der Folgeworkshop, der sogenannte Evaluierungsworkshop, angekündigt werden.

Wir halten fest: Das Team befindet sich nun im Lösungsraum. Nachdem alle Teammitglieder das gleiche Verständnis vom Kern des Problems haben, geht es in die kreative Phase über, in der das Team beginnt Ideen zu entwickeln und auszuarbeiten. Hierbei ist es wichtig die Phasen 1 bis 3 nicht aus dem Auge zu verlieren und sich ebenfalls nach dem Team und den Mitarbeiter zu richten und nichts vorzugeben. Nur wenn das Team selbst entscheiden kann, welche Ideen sie wirklich interessant finden, ist es möglich zu kreativen Ideen zu gelangen.

Es ist auch wichtig zu bedenken, dass in Phase 4 auf Quantität statt Qualität gesetzt wird. Ziel ist es, so viele Ideen wie möglich zu sammeln. Das kann etwas chaotisch wirken, ist jedoch gewollt, denn hier geht es wiederum um das Divergieren, bevor in den nächsten Phasen wieder konvergiert wird. Es sollte also normal sein, dass „Chaos" bei der Ideenfindung herrscht, denn dies wird danach einem Fokus weichen. Auch in diesen Phasen können wieder viele unterschiedliche Techniken angewendet werden, wie beispielsweise

» Crazy 8,
» 6-3-5-Methode,
» Scamper oder
» Walt-Disney-Methode.

All diese Methoden sind Brainstorming-Techniken, die dem Team helfen auf viele Art und Weise Ideen zu generieren. Hierbei ist es wichtig, die Ideen nicht sofort zu kritisieren und eine offene Kultur zu etablieren. Am Ende ist es jedoch auch wichtig, dass sich das Team auf maximal drei Ideen einigt, die es in der nächsten Phase weiterverfolgen möchte. Dies bedeutet jedoch nicht, dass feststeht, welche der Ideen in ein Produkt gewandelt wird.

Was versteht man unter der Phase „Prototyp entwickeln"?

Das Ziel der fünften Phase ist es die Ideen nun in Prototypen zu konkretisieren, um in der nächsten Phase Feedback einzuholen, um somit die Machbarkeit der Ideen zu testen und schließlich Iterationen durchzuführen.

Der iterative Vorgang ist ein typisches Merkmal der Agilität und wird somit auch in diesem Prozess angewandt. Generell können Prototypen sehr unterschiedliche Formen annehmen. Was sie aber alle gemeinsam haben, ist, dass sie Ideen greifbar und testbar machen. Perfektion ist dabei nicht nötig, sie ist sogar unerwünscht, denn hier geht es auch um Schnelligkeit.

Während dieser Phase können wieder unterschiedliche Techniken des Prototyping angewendet werden wie beispielsweise

- » Storyboards,
- » Rollenspiele,
- » Attrappen und
- » Klickdummies.

Für die fünfte Phase gibt es ebenfalls einige Guidelines, die wichtig für den Prozess sind. So wird beispielsweise oft „verliebe dich nicht in deinen Prototypen" gesagt, denn das Team sollte offen für Kritik sein und davon ausgehen, dass nicht jeder Tester den Prototypen genauso gut finden wird.

Hierbei gilt es auch mutig zu sein und gegebenenfalls unfertige Prototypen zu zeigen. Ist der Prototyp noch nicht fertig, ist das Feedback für das Team noch wichtiger. Außerdem ist es noch einfacher, den Prototypen gegebenenfalls zu verwerfen. Wurden viele Wochen damit verbracht den Prototypen zu entwickeln, ist es umso schwerer, eine Niederlage einzugestehen und die „verlorene" Zeit zu rechtfertigen.

Darüber hinaus ist es in vielen Fällen wichtig nicht zu viel Zeit mit der Organisation der Tester zu verbringen. Oft genügt es anfänglich, Tester „auf der Straße" zu finden. Diese müssen auch nicht zwingend zur Zielgruppe gehören. Letztlich ist es ebenfalls wichtig die agile Vorgehensweise nicht zu vergessen. Diese besagt, dass je mehr Iterationen es gibt, desto besser wird auch das Ergebnis. Der Iterationsprozess sollte nicht unendlich in die Länge gezogen werden. Bei Unsicherheit gilt es jedoch, dass es besser ist eine Iteration zu viel als eine zu wenig durchzuführen, bevor es in die Entwicklung geht. An diesem Punkt ist es ebenfalls essenziell, dass das Team etwas visuell darstellen kann und so viel Feedback generiert wird. Sind die Ergebnisse negativ, ist es üblich im Prozess wieder einen oder mehrere Schritte zurückzugehen und gegebenenfalls eine Phase zu wiederholen. Allerdings sollte dies nicht die Regel sein.

Was versteht man unter der Phase „Testen"?

Die sechste Phase gilt als eine der entscheidendsten Phasen des Prozesses, denn nun geht es darum die Annahmen zu testen und Experimente durchzuführen. Hierbei können Methoden, wie beispielsweise Experiment Boards oder die Geschichten des Scheiterns angewendet werden.

Das Testen ist also die Phase, in der Mehrwert, Machbarkeit und Anwendbarkeit durch Feedback von potenziellen Nutzern validiert und widerlegt wird. Nutzertests, Interviews und A/B-Tests eignen sich zum Vergleich verschiedener Prototypen.

Während der Nutzertests werden Testern verschiedene Szenarien vorgegeben, die diese durchspielen. Teammitglieder machen hierbei Notizen und beobachten das Vorgehen. Basierend auf den Ergebnissen wird der Prototyp dann angepasst und eine weitere Testphase beginnt. Die Anzahl der Iterationen ist abhängig von den Ergebnissen und muss von Projekt zu Projekt individuell bestimmt werden. Erst nach mehreren Iterationen wird die Wirtschaftlichkeit verifiziert. Dies kann in vielen Fällen das Ende des Design Thinking-Prozesses bedeuten. Allerdings sieht dieser in der Praxis oft sehr unterschiedlich aus. Sind die Tests gut verlaufen, kann nun die Entwicklung beginnen.

Wie wird der Design Thinking-Prozess abgeschlossen?

Der Abschluss des Design Thinking-Prozesses sieht sehr unterschiedlich aus. Normalerweise wird jedoch nach Abschluss des ersten Zyklus, also das Durchlaufen der Phasen 1 bis 6, ein weiterer Workshop mit den Stakeholdern stattfinden. Ziel dieses Workshops ist es, die Prototypen und Testergebnisse vorzustellen und darauf basierend Entscheidungen für die weiteren Iterationen zu treffen.

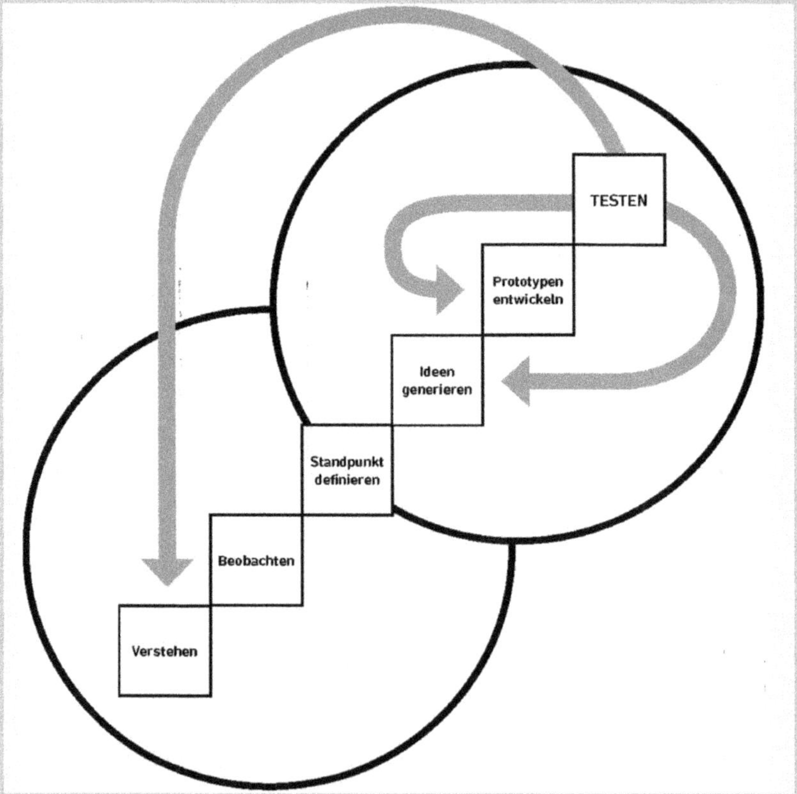

TESTEN

Prototypen entwickeln

Ideen generieren

Standpunkt definieren

Beobachten

Verstehen

Wie wird der Design Thinking-Prozess abgeschlossen?
Quelle: Design Thinking - Innovationen erfolgreich umsetzen, UVK Verlag, S. 90

Zu diesem Zeitpunkt werden auch Experten aus dem Bereich Finanzierung und Marketing hinzugezogen. Das Team sollte maximal drei Lösungsansätze vorstellen. Nachdem das Team die Ergebnisse der Phasen aus dem Lösungsraum präsentiert hat, können Stakeholder sowie Experten Fragen stellen bzw. beantworten. Der →Agile Coach oder Design Thinking-Leiter wird dabei die Moderation übernehmen.

Im Anschluss wird entschieden, welche Lösungsansätze weiterverfolgt werden. Hier sollten maximal zwei ausgewählt werden. Des Weiteren kann evaluiert werden, welche Verbesserungsmaßnahmen umgesetzt werden, welche Tests durchgeführt und welche Tester in der nächsten Iteration hinzugezogen werden. Der Evaluierungsworkshop kann nach weiteren Iterationen nochmals durchgeführt werden. Idealerweise einigt sich das Team im Laufe der Iterationen auf eine einzige Lösung, die dann mit dem gesamten Team weiterentwickelt wird.

Für die Produktentwicklung kann dann beispielsweise Scrum oder weitere agile Methoden genutzt werden. Nach dem Testen im ersten Zyklus werden in der Regel weitere Iterationen durchgeführt. Dies ist ein in immer wiederkehrenden Zyklen erfolgendes Projektvorgehen. Wann im Prozess das Team eine Iteration beginnt, hängt von den Testergebnissen ab. Es könnte passieren, dass nach dem Testen festgestellt wird, dass der Prozess wieder von vorne, also von Phase 1, begonnen werden muss, um Nutzer noch genauer zu beobachten und zu verstehen. Eventuell wird aber auch wieder in Phase „Ideen entwickeln" begonnen und an neuen Lösungswegen gearbeitet.

Der neue entstandene Prototyp wird demensprechend auch wieder getestet. Nicht nur nach Abschluss eines Design Thinking Zyklus sind Iterationen erlaubt. Stellt das Team beispielsweise fest, dass die Ergebnisse einer Phase noch nicht zufriedenstellend sind, ist es durchaus sinnvoll, eine oder mehrere Iterationen innerhalb einer Phase durchzuführen. Hier kann es auch sinnvoll sein, andere Methoden zu verwenden.

Empfindet das Team und die Stakeholder die entstandene Lösung als zufriedenstellend, gelangt das Team schließlich zum Ende des Design Thinking-Prozesses. Dies passiert nachdem in mehreren Iterationen getestet und optimiert wurde. Die erste Herausforderung für das Unternehmen eine Lösung zu entwickeln und durch einen Prototyp diese zu testen ist erfolgreich beendet.

Nun beginnen die tatsächliche Umsetzung der Projektidee und der Markteintritt. Nach der letzten Iteration sollte daher ein weiterer Workshop mit allen Stakeholdern und gegebenenfalls beteiligten Experten stattfinden. Ziel dieses Workshops ist es, die neue Innovation vorzustellen und zu entscheiden, ob und wie weiter vorgegangen wird. Das Team beschreibt kurz den Verlauf des Design Thinking-Prozesses und stellt die Lösung, die letztendlich entwickelt wurde, also die Innovation vor. Die Vorstellung dieser Innovation kann zuerst in einem Elevator Pitch stattfinden, bevor auf die Details eingegangen wird.

Bei der Vorstellung der weiteren Vorgehensweise ist es ratsam, vorab Experten aus verschiedenen Abteilungen wie Finanzierung und Marketing miteinzubeziehen. Das Team sollte ein klares Modell für die Umsetzung haben, auch wenn nicht alle Teammitglieder aktiv in der weiteren Implementation beteiligt sein werden. Auch auf die Frage nach der konkreten Umsetzungsmethode kann bereits eingegangen werden. Eignet sich bei diesem Projekt die Entwicklung nach Scrum, wie bereits vorher erwähnt, oder ist eine klassische Projektmanagementmethode wie beispielsweise Prince2 ratsam?

Das Ziel des Workshops ist, dass die Entscheider ein Urteil über die Implementierung treffen. Soll die Innovation weiter umgesetzt oder verworfen werden? Ist dies im Rahmen dieses Workshops nicht möglich, sollte ein genauer Termin für die Entscheidung festgehalten werden. Zu oft zieht sich die Implementierung sonst in die Länge. Das Ende des Prozesses hängt sehr oft auch von den Unternehmen ab und ob es ein Pilotprojekt war oder es eine oft angewendete Methode ist.

Wie verändert Design Thinking das Unternehmen intern?

Da Design Thinking als Denkhaltung definiert werden kann, beeinflusst es das Unternehmen auf viele Arten und Weisen. Die kreative und auf Feedback ausgerichtete Vorgehensweise soll die Mitarbeiter dazu bringen anders über Innovationen und Ideenfindung zu denken und diesen Prozess auch zu verändern.

Da Design Thinking eine agile Methode ist, lässt es einen großen Freiraum offen, wie es implementiert wird und somit auch welchen genauen Einfluss es auf das Unternehmen hat. Allerdings ist eine Veränderung aus vielen Gründen garantiert. Das Finden und Erarbeiten von Ideen und Prototypen in interdisziplinären Teams bringt ein Umdenken bei vielen Mitarbeitern hervor, weil sie durch den Prozess mit anderen Sichtweisen konfrontiert werden: Es ist ein großer Unterschied, ob man sich lediglich in einem Meeting begegnet und über etwas spricht oder ob man tagelang zusammen im Design Thinking-Prozess verbringt, um gemeinsam eine Innovation zu entwickeln. Die erhöhte Interaktion fördert dementsprechend die allgemeine Kommunikation und das Verständnis im Unternehmen sowie auch den Wissenstransfer. Dieser wird dadurch gewährleistet, dass das Team im Design Thinking-Prozess gemeinsam etwas beobachten muss und dementsprechend ein Problem von vielen Perspektiven aufgreift und betrachtet.

Ohne Design Thinking kann es passieren, dass die Mitarbeiter sich auf ihre individuelle Kompetenz bzw. ihren fachlichen Hintergrund fokussieren würden und weitere Aspekte außen vorlassen. Das Zusammenführen von allen Perspektiven birgt ebenfalls den Vorteil, dass die Innovationen selbst direkt viele Sichtweisen beinhalten. Diese Vorgehensweise wird in der Praxis sehr wertgeschätzt und auch später für andere Angelegenheiten genutzt.

Weitere wichtige Punkte des Design Thinking-Prozesses, die einen Einfluss auf das Unternehmen haben werden, ist die Entstehung einer Fehlerkultur. Dieser Aspekt wird bei der Erarbeitung des Prototyps ersichtlich bei dem gerne gesagt wird, dass wenn man sich nicht für den Prototypen schämt, man zu spät ist. Dieser Ansatz und Denkweise sollen dazu führen, dass Mitarbeiter schneller Ideen oder Produkte ausprobieren und an den Markt bringen, um Feedback zu generieren und so rascher zur besten Lösung zu kommen. Dies ist nur möglich, wenn sich eine Fehlerkultur etabliert hat. Es darf nicht passieren, dass ein Mitarbeiter für das Scheitern eines frühen Konzeptes hart kritisiert wird. Wenn die Fehlerkultur nicht präsent ist, wird der Design Thinking-Prozess und letztendlich die Innovationsentwicklung auf lange Sicht scheitern.

Ein weiterer Aspekt, der das Unternehmen beeinflussen wird, ist die schnelle Vorgehensweise bei Fehlern. Dies bedeutet, dass Mitarbeiter auch schneller als zuvor ihre Entscheidungen und Meinungen infrage stellen und möglicherweise auch komplett verändern. Diese Haltung wird sich nicht nur auf den Design Thinking-Prozess auswirken, sondern auch an anderen Stellen im Unternehmen festzustellen sein. Dieses schnellere Umdenken ist letztlich einer der wichtigsten Punkte der Agilität und somit auch ein essenzieller Bestandteil der Frameworks.

Letztlich ist es wichtig zu erwähnen, dass die Offenheit und gesteigerte Transparenz ebenfalls das Unternehmen beeinflussen wird. Es ist ein Unterschied, ob nur das Management über neue Ideen nachdenkt oder ob es jetzt auch die Mitarbeiter aller Bereiche tun. Die entstandene Transparenz gilt ebenfalls als einer der größten Faktoren der Agilität und ist dementsprechend auch durch Design Thinking festzustellen. Die Folge ist ebenfalls ein erhöhtes Commitment, da Mitarbeiter nun Teil des Innovationsmanagements sind und somit auch beeinflussen können, was und warum etwas in Zukunft im Unternehmen gemacht werden wird.

Wo liegen die Grenzen von Design Thinking?

Design Thinking ist kein Allheilmittel und kein Garant für Erfolg. Die Methode fokussiert die Bedürfnisse des Nutzers. Im B2B-Geschäft, in dem der Endnutzer weiter vom Unternehmen entfernt ist und es folglich nur sehr wenige, verfälschte oder keine Berührungspunkte gibt, ist es meist schwieriger aus der Nutzerperspektive zu denken. In allen Fällen, in denen kein Nutzer befragt und kein eigentlicher Problemträger identifiziert werden kann, ist die Anwendung von Design

Thinking problematisch zu sehen. Es ist also wichtig unterscheiden zu können, mit welcher Methode das Problem anzugehen ist oder ob man zwei Methoden miteinander kombinieren sollte. Außerdem liefert Design Thinking keine Antworten, wenn der Nutzer selbst nicht sagen kann, was sein Ziel ist.

Zusätzlich zu den bereits aufgeführten Punkten liegen die Grenzen von Design Thinking auch in den Unternehmenskulturen von traditionellen Unternehmen begründet. Wenn es nicht möglich ist ein diverses Team aufzubauen und offen Ideen zu kreieren und voranzutreiben, wird auch Design Thinking keine Erfolge liefern. Die Relevanz der Unternehmenskultur ist ähnlich zu Scrum und anderen agilen Methoden.

Videotipp:
Das Video „Stanford Webinar – Design Thinking = Method, Not Magic" des YouTube Kanals von stanfordonline gibt wichtige Einblicke zu Design Thinking. Dieses Video ist auf Englisch, denn es kommt von der „Geburtsstätte" von Design Thinking. Das ▶ Video findest Du unter:
www.youtube.com/watch?v=vSuK2C89yjA

Scrum

 Dieses Kapitel zeigt alle Facetten der agilen Methode Scrum.

Was ist Scrum?

Scrum ist ein Bestandteil des Megatrends Agilität. Scrum wurde anfangs v.a. in der IT eingesetzt. Allerdings werden heutzutage viele Projekte auch außerhalb des Bereichs mit dieser Methode gemanagt oder auch Entwicklungen vorangetrieben.

Scrum ist keine Methode, wie beispielsweise Prince2, aus dem klassischen Projektmanagement, die viel Methodik vorgibt. Es ist ein einfaches Rahmenwerk, welches einige Regeln und Rahmenbedingungen vorgibt, aber auch den Unternehmen viel Freiraum lässt, um es den Gegebenheiten anzupassen. Durch die Einfachheit des Rahmenwerks und der Vorgaben ist Scrum eine ideale Methode, um Komplexität zu vermindern.

Die Frage, was Scrum ist, ist schwer in wenigen Sätzen zu beantworten, denn es beinhaltet viele Bestandteile, die dieses Framework besonders machen. Da Scrum auch eine lange Vorgeschichte hat, ist es wichtig den Ursprung zu kennen, um so zu verstehen, wie die Scrum Methodik permanent weiterentwickelt wurde und somit auch maßgeblich zu einem heutigen Verständnis agiler Arbeitsweisen beigetragen hat. Als abschließende Definition ist es wichtig zu erläutern, dass Scrum ein Regelwerk mit Orientierungspunkte ist, welches für die Zusammenarbeit von Teams und der Entwicklung von Produkten angewandt wird. Dabei definiert das Scrum-Modell Rollen, Events und verschiedene →Artefakte, die Teams unterstützen nach agilen Prinzipien zu arbeiten und kontinuierlich den Produktwert durch ständiges Feedback des Markts und der Stakeholder zu erhöhen.

Videotipp:
In dem Video „Was ist SCRUM? ☺ SCRUM erklärt! ♀" auf dem YouTube Kanal von Agile Heroes gibt der Autor dieses Buches, Roman Simschek, eine Erklärung, was ein Scrum ist. Außerdem geht er auch die Vorteile von Scrum ein, welches eine gute Überleitung für die nächste Frage ist. Das ▶ Video findest Du unter: www.youtube.com/watch?v=m3Zd50F0UEk&list=PLqTqbdnMbc B8uafDRSg2Iy-n5aWaVx8hP&index=5

Warum ist Scrum so erfolgreich?

Scrum ist einfach. Scrum besteht nur aus sehr wenigen Regeln. Konkret besteht es aus nur

- » drei Rollen,
- » fünf Events und
- » drei Artefakten.

Diese Einfachheit ist der Hauptfaktor für den Erfolg von Scrum. Zu oft wird versucht, die Komplexität unserer Zeit und unserer Umwelt durch entsprechend komplexe Ansätze und Methoden zu managen. Doch in der Praxis stellt sich heraus, dass dies oft nicht funktioniert und ein einfacher Ansatz wie Scrum erfolgversprechender ist. Wie einfach Scrum ist, zeigt sich auch darin, dass die von Jeff Sutherland und Ken Schwaber veröffentlichte Scrum-Bibel – der →Scrum Guide – alles, was Scrum als Framework ausmacht, auf lediglich 16 Seiten (bzw. 20 Seiten in der deutschen Version) beschreibt.

Scrum ist agil und agil bedeutet Scrum. Keine andere Methodik, kein anderer Ansatz, keine andere Technik hat sich im Rahmen von agilen Projekten so erfolgreich durchgesetzt wie Scrum. 90 Prozent aller agil gemanagten Projekte setzen Scrum ein. Von Marktführerschaft zu sprechen, wäre sogar untertrieben. Zumal man davon ausgehen kann, dass die 10 Prozent, die von sich behaupten, dass sie nicht Scrum einsetzen, zumindest teilweise Scrum verwenden. So hat sich beispielsweise ein Daily Stand up in so gut wie allen agilen Projekten als Standard durchgesetzt.

Scrum ist pragmatisch und kommt mit so wenig Administration wie möglich aus. Denkt man daran, wie viel Energie bei nach der klassischen →Wasserfall-Methode gemanagten Projekten in Projektplanung, Budgetmanagement und Statusreports anstatt in das eigentliche Management des Projekts geht, wird schnell klar, warum Scrum so erfolgreich ist. All dieser Aufwand entfällt bei Scrum nahezu gänzlich. Scrum ist einfach pragmatischer und effizienter als andere Methoden. Kommunikation findet nicht mehr in Form von langen E-Mails, E-Mail-Ketten und Powerpoint-Präsentationen statt, sondern direkt von Angesicht zu Angesicht, ohne Medienbrüche, von Mensch zu Mensch. Probleme werden nicht über Ampeln kommuniziert, sondern direkt mit dem Betroffenen besprochen. Scrum verzichtet auf fast alles, was nicht direkt mit dem Projektziel bzw. dem Endprodukt zu tun hat, auf ein Minimum. Und was effizient ist, setzt sich in Zeiten knapper Budgets und schnell zu liefernden Ergebnissen einfach durch.

Scrum funktioniert. Oft beschreiben die Väter von Scrum, Jeff Sutherland und Ken Schwaber, diese Methode mit sehr plakativen Aussagen wie beispielsweise: „Wie Sie mit Scrum in der Hälfte der Zeit doppelt so viel erreichen können". Diese Aussagen sind sicherlich etwas überspitzt. Dennoch kann man neidlos eingestehen, dass die Methodik von Scrum aufgrund der bereits beschriebenen Merkmale sehr effektiv und effizient ist – und deswegen einfach funktioniert. Andernfalls wäre es nicht möglich, dass Scrum so erfolgreich ist und seit über 20 Jahren weltweit kontinuierlich immer größere Verbreitung findet. Dass Scrum funktioniert, zeigt sich auch daran, dass es relativ wenige Veröffentlichungen zu Kritik und Problemen beim Einsatz von Scrum gibt. Oft ist es doch so, dass eine neue Methode, die herkömmliche Methoden verdrängt, sehr schnell Kritiker findet, die sich in ihrem angestammten Terrain angegriffen fühlen. Sie würden mit umfangreichen Artikeln, Studien oder Veröffentlichungen reagieren, die die neue Bedrohung dann klein reden oder deren Nachteile hervorheben. Dies ist bei Scrum kaum der Fall.

Letztlich ist Scrum sicherlich nicht für alle Arten von Projekten gleich gut geeignet. Dennoch ist Scrum zwischenzeitlich beim agilen Projektmanagement zu einer Art von DNA geworden, ohne die Agilität nicht realisierbar wäre.

Lesetipp:
Für mehr Inhalte bezüglich was Scrum ist und warum es so erfolgreich ist, findest Du in der Fachliteratur der Agile Heroes das Buch Scrum. Dieses Buch findest Du unter: www.agile-heroes.de/buch/

Was ist der Ursprung von Scrum?

Der Begriff Scrum lässt sich auf die beiden japanischen Wirtschafts-
wissenschaftler Nonaka und Takeuchi zurückführen. Sie schreiben
in ihrem im Jahr 1986 erschienenen Artikel „The New Product Development Game" über den von ihnen so genannten Rugby Approach.
Dieser bedient sich einer Analogie aus dem Rugby. Die Autoren gehen
davon aus, dass einer der außergewöhnlichsten Erfolgsfaktoren von
sehr erfolgreichen Produktentwicklungsteams die räumliche Nähe
des Teams während der Entwicklungsarbeit ist. So wie bei dem aus
dem Rugby stammenden Gedränge, welches Scrum genannt wird und
bei dem viele Spieler eng zusammenstehen. Denn auch diese Teams
arbeiten als kleine und selbstorganisierte Einheiten. Sie bekommen von
außen nur eine grobe Richtung vorgegeben. Es bleibt in der Umsetzung
jedoch ihnen überlassen, wie sie ihr gemeinsames Ziel erreichen. Und
diese Art der Zusammenarbeit soll auch Projekte erfolgreich machen.

Dieser Rugby Approach wurde dann mehr als zehn Jahre später von
den Vätern von Scrum, Jeff Sutherland und Ken Schwaber, zu einem
Framework für Softwareentwicklungsprojekte weiterentwickelt: Und
dieses Framework nannten sie mit einem entsprechenden Verweis auf
den Artikel von Nonaka und Takeuchi: Scrum.

Da die Anfänge von Scrum schon mehr als 20 Jahre zurückliegen
und Scrum immer erfolgreicher geworden ist, haben sich immer mehr
Scrum-Varianten entwickelt. Dies liegt daran, dass viele Autoren, Berater und Experten von dem immer weiterwachsenden Scrum-Kuchen
ihren wirtschaftlichen Anteil abhaben wollten. So wurde der Kern
dessen, was Scrum ausmacht, immer stärker verwässert.

Dieses Problem haben auch Jeff Sutherland und Ken Schwaber
erkannt und aus diesem Grunde im Jahr 2010 den Scrum Guide veröffentlicht. Dieser wurde letztmalig im Jahr 2017 überarbeitet. Er fasst
den Kern und das Grundverständnis von Scrum zusammen. Folglich ist
der Scrum Guide eine Art Bibel für das agile Projektmanagement.

Was ist die theoretische Basis von Scrum?

Die theoretische Basis von Scrum ist die Theorie der empirischen Prozesssteuerung, kurz auch „Empirie" bzw. im Englischen Empirical Theory genannt. Die Theorie besagt, dass Wissen auf Erfahrung basiert und dass Entscheidungen auf der Basis von diesem bestehenden Wissen erfolgen. Scrum stellt durch seinen iterativen und inkrementellen Ansatz sicher, dass in regelmäßigen und kurzen Abständen die Möglichkeit zur Überprüfung und Anpassung besteht.

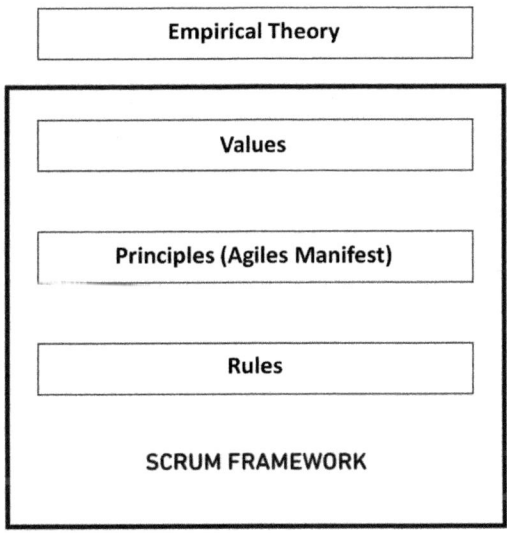

Was ist die theoretische Basis von Scrum?
Quelle: SCRUM - Das Erfolgsphänomen einfach erklärt, UVK Verlag, S. 31

So werden regelmäßig Erfahrungen in Wissen transferiert. Dieses Wissen wiederum wird dann genutzt, um immer wieder Entscheidungen zu treffen. Je mehr Erfahrung generiert wird, je mehr Wissen entsteht umso bessere Entscheidungen können getroffen werden. Durch dieses Vorgehen können Risiken minimiert, frühzeitig erkannt und auch gegengesteuert werden. Die Scrum-Theorie basiert insofern auf drei wesentlichen Säulen.

Welche drei Säulen gehören zur theoretischen Basis von Scrum?

Die drei Säulen werden Transparenz, Überprüfung und Anpassung genannt:

» Transparency – Transparenz:
» Offene Kommunikation und das Teilen von Wissen ist die Grundlage für Transparenz. Zudem sollte das gesamte Vorgehen beziehungsweise der Prozess in einem Scrum-Projekt für alle Beteiligten transparent sein. Dies umfasst insbesondere auch die verwendeten Begriffe in einem Projekt. Jeder sollte unter den verwendeten Begriffen das gleiche verstehen. Hierzu ein Beispiel: Stell all deinen Projektteammitgliedern die Aufgabe, die Augen zu schließen und an einen Hund zu denken. Danach soll jeder auf ein weißes Blatt Papier diesen Hund malen. Legt man die gezeichneten Hunde nebeneinander, so wird schnell deutlich, dass jeder einen anderen Hund gemalt haben wird. Der eine malt einen kleinen lieben Dackel. Der andere einen bellenden Schäferhund. Der nächste einen Schlittenhund vor einem Hundeschlitten. Wer hat jetzt den richtigen Hund gezeichnet? Alle. Oder keiner? Jeder hat den für ihn richtigen Hund gemalt, eben das, was er unter einem Hund versteht. In einem Projekt ist es jedoch wichtig, dass alle unter „Hund" den einen und gleichen Hund verstehen, der auch gemeint ist, beziehungsweise der als Produkt oder Projektergebnis erwartet wird. Insofern ist es wichtig, für alle wesentlichen Begriffe oder Hunde ein einheitliches Verständnis zu haben. Als ein typisches Beispiel in einem Projekt zu nennen ist, dass es ein einheitliches Verständnis von „Done" – also wann etwas erledigt ist – gibt. An welchen genauen Kriterien festzumachen ist, dass etwas erledigt ist.
» Inspection – Überprüfung:
» Inspection bedeutet, dass alle Vorgehensweisen und Arbeitsergebnisse regelmäßig überprüft werden. In einem nach Scrum gemanagten Projekt bedeutet dies, dass das Scrum-Team in regelmäßigen Abständen die →Artefakte dahingehend überprüft, ob diese und ihre Ausgestaltung geeignet sind, um das jeweilige

Scrum-Sprintziel zu erreichen. Die Überprüfung darf jedoch nicht so oft stattfinden, dass sie die eigentliche Projektarbeit behindert. Sie muss stets effizient bleiben. Die Überprüfungen müssen in einer Weise stattfinden, dass auch sie einen Mehrwert für die Projektarbeit darstellen.

» Adaption – Anpassung:
» Adaption bedeutet das Anpassen an die Rahmenbedingungen, um schneller und besser zu werden und das Ziel effizient zu erreichen. Wenn im Rahmen einer Überprüfung festgestellt wird, dass das Vorgehen oder die Arbeitsergebnisse ein nicht akzeptables Limit überschreitet, müssen Anpassungen vorgenommen werden. Diese Anpassungen müssen möglichst frühzeitig, ohne unnötigen Zeitverzug entschieden werden, um unnötige weitere Abweichungen zu verhindern.

Zusammengefasst bedeutet dies: Die Voraussetzung, um Wissen auf der Basis von Erfahrungen in einem Projekt aufzubauen, ist Transparenz. Transparenz schafft Wissen. Und eine offene Kommunikation ermöglicht es zudem, dieses Wissen im →Scrum-Team zu teilen. Zudem ist es eine wichtige Säule von Scrum, dass regelmäßig das aktuelle Handeln und Vorgehen hinterfragt bzw. überprüft werden. Maßstab hierfür ist stets, ob die aktuellen Aktivitäten dazu geeignet sind, dieses Ziel zu erreichen. Und letztlich ist es natürlich auch erforderlich, dass wenn das Scrum-Team im Rahmen der Überprüfung Abweichungen feststellt, das gewählte Vorgehen so angepasst wird und entsprechende Entscheidungen getroffen werden, damit das Ziel auf eine effiziente Weise erreicht wird.

Welche Werte brauchen wir, um Scrum zu implementieren?

Werte werden immer wichtiger für den Unternehmenserfolg – getrieben auch durch Generationswechsel sowie Sinnsuche im privaten und bei der Arbeit. Es gibt noch weitere Gründe für die Relevanz von Werten, weswegen die Väter von Scrum diesen Aspekt ebenfalls berücksichtigt haben. Ken Schwaber, einer der beiden Väter von Scrum, hat zusammen mit Mike Beedle fünf *values* als Fundament für Scrum entwickelt. Wenn ein →Scrum-Team diese fünf →Values verinnerlicht und umsetzt, ist Scrum in der Praxis auch erfolgreich. Denn die fünf Values sorgen dafür, dass die drei Säulen, die in der vorherigen Frage thematisiert werden, von Scrum tatsächlich gelebt werden. Die fünf Values sind

» Courage – Mut,
» Focus – Fokussierung,
» Commitment – Selbstverpflichtung,
» Respect – Respekt und
» Openness – Offenheit.

Was diese fünf Values bedeuten, wird im Folgenden in Anlehnung an den →Scrum Guide kurz beschrieben. Viele Autoren haben diese Values im Detail beschrieben und konkretisiert, allerdings macht es mehr Sinn nicht zu viele Vorgaben zu machen und es dadurch jedem Scrum-Team selbst zu überlassen, wie konkret es diese →Values für sich definiert, lebt und umsetzt. Diese Vorgehensweise folgt der grundsätzlichen Logik von Scrum, einfach zu sein: wenige Regeln aufzustellen und die Ausgestaltung im Sinne der Flexibilität dem Projektteam zu überlassen. Grundsätzlich ist es auch so, dass Scrum zwar klare Regeln aufsetzt, aber dennoch Raum zur individuellen Ausgestaltung im Projektumfeld bietet.

» Mit Mut ist Folgendes gemeint: Die Mitglieder des Scrum-Teams haben den Mut, die richtige Dinge zu tun und an den Herausforderungen und Problemen im Projekt zu arbeiten.
» Mit Fokussierung ist Folgendes gemeint: Jeder fokussiert sich auf die Arbeit des aktuellen Sprints und auf die Ziele des Scrum-Teams.
» Mit Selbstverpflichtung ist Folgendes gemeint: Jeder verpflichtet sich, persönlich die Ziele des Scrum-Teams zu unterstützen und zu erreichen.
» Mit Respekt ist Folgendes gemeint: Die Mitglieder des Scrum-Teams respektieren sich und befähigen sich gegenseitig, kompetente und unabhängige Individuen zu sein.

> » Mit Offenheit ist folgendes gemeint: Das Scrum-Team und seine Stakeholder einigen sich darauf, bezogen auf die Arbeit und die mit diesen verbundenen Herausforderungen offen zu sein.
>
> Es ist keine Frage, dass viele weitere Werte nötig für eine erfolgreiche Implementierung haben. Der Wert Vertrauen ist in der Praxis ebenfalls essenziell, da das Management viel Verantwortung abgibt und das Team selbstorganisiert arbeitet. Ist kein Vertrauen in dem Unternehmen vorzufinden, ist es sehr schwer Scrum erfolgreich einzuführen und langfristige Verbesserungen zu sehen.

Warum sind die Werte für die Implementierung von Scrum so wichtig?

Die in der vorherigen Frage genannten Werten sind dem →Scrum Guide hinzugefügt worden, weil Sie essenziell für den Erfolg sind. Allein dass die beiden Scrum Väter innerhalb des Scrum Guides Platz für die Werte einplanen, zeigt die Wichtigkeit. Sie hätten auch mit Sicherheit viele weitere Aspekte aufführen können, die in der Praxiswelt oft aufkommen. In der Praxis wird es noch klarer, wie wichtig die Werte sind. Lebt ein Team oder eine Organisation die Werte nicht, funktioniert Scrum nicht. Dies ist ein Satz, den jeder →Agile Coach oder Berater unterstreichen kann. Damit ist nicht gemeint, dass jedes Team in jedem Moment 100 Prozent erfüllt. Es ist gemeint, dass wenn diese Werte zu 0 Prozent vorhanden sind, auch wenn dies schwer messbar ist, es unmöglich ist Scrum zu implementieren.

Ein Beispiel ist das Thema Openness. Wird der Wert Openness, also Offenheit, nicht gelebt, entsteht keine Transparenz. Transparenz gehört zu der theoretischen Basis von Scrum, der empirischen Theorie, und gehört somit zum Fundament des Vorgehens. Wenn keine Offenheit und Transparenz gegeben sind, können keine Probleme oder Fortschritte im Team gezeigt werden. Somit ist der Prozess der ständigen Verbesserung, welcher ein Hauptbestandteil von Scrum ist, gefährdet.

Letztendlich ist es wichtig zu erwähnen, dass die Werte eine Art Beschreibung der vorherrschenden Kultur sind. Wenn das Team keinen

Mut hat, hat das zur Folge, dass das Team sich nicht trauen wird Neues auszuprobieren und somit auch in der Entwicklung voranzuschreiten. Das Thema Respekt ist auch sehr wichtig, da die Feedbackkultur in Scrum essenziell ist. Nach jedem →Sprint erhalten das Team und der Product Owner Feedback bezüglich des erarbeiteten →Increments, dem Teilprodukt. Zusätzlich ist es immer willkommen innerhalb des Teams Feedback zu geben, um somit auch neue Erkenntnisse zu gewinnen und das Sprint Ziel bestmöglich zu erreichen. Ist also weder Respekt noch Offenheit im Team vorzufinden, entfallen die wesentlichsten Punkte von Scrum. An dieser Stelle wäre es möglich noch viele weitere Beispiele für den Mangel an Werten anzubringen, allerdings zeigen auch diese schon, wie wichtig die Werte für die allgemeinen Prozesse und somit dann auch für den gesamten Produkterfolg sind.

Das Management ist für die Implementierung und das Leben der Werte auch essenziell, weswegen dieser Punkt ebenfalls in den Fragen bezüglich den Handlungsempfehlungen wieder angebracht wird.

Lieben es Teams nach Scrum zu arbeiten?

In der Praxis sind es oft die Führungsetagen, die sich für die Implementierung von Scrum entscheiden. Dies passiert oft anfangs gegen den Willen des Teams. Allerdings ist es auch oft der Fall, dass das Team es möchte und in Bewerbungsgesprächen sogar aktiv nachgefragt wird, ob nach Scrum gearbeitet wird. Es gibt eine sehr hohe Zahl an Entwicklern und Teammitgliedern, die das Arbeiten nach Scrum bevorzugen. Gründe dafür sind, dass das Team Verantwortlichkeiten und somit auch Freiheiten übertragen bekommt. Es wird eine größere Transparenz geschaffen und somit auch ein besseres Teamgefühl erstellt, auch weil es keine Titel oder Rollen mehr gibt, sondern weil das Team jetzt eine Gesamtverantwortlichkeit innehat. Durch die Verantwortlichkeiten und den Fokus auf Werte und das generelle Wohlbefinden des Teams sind die Teammitglieder oft motivierter und dementsprechend zufriedener in Teams, die nach Scrum arbeiten.

Generell hat das Team auch eine bessere Sichtbarkeit, wo sie sich befinden und welchen Einfluss sie auf das Produkt haben werden. Dies ist ein wesentlicher Bestandteil von Scrum. Ausgewählte und gut geplante

Meetings ermöglichen es jeder involvierten Person einen guten Überblick über den Status und Fortschritt des Teams zu sehen. Zu Beginn jedes →Sprints – eine Etappe von ein bis vier Wochen – wird im →Sprint Planning die Arbeit für die jeweilige Etappe gemeinschaftlich festgelegt. So weiß das Scrum Team, was am Ende des Sprints als Resultat von ihnen erwartet wird und der Kunde weiß, worauf er sich freuen darf.

Die Teammitglieder treffen sich im Laufe des Sprints täglich für 15 Minuten zum Daily Standup und berichten sich gegenseitig, woran sie gearbeitet haben, woran sie als nächstes arbeiten und ob es Hindernisse gibt. Am Ende eines jeden Sprints wird im →Sprint Review der Fortschritt der Produktentwicklung demonstriert und vom Kunden abgenommen. Der Fortschritt der Teams ist abgesehen von den Meetings am Scrum Board und dem Sprint Burn-Down-Chart in der Praxis zu sehen. All diese Praktiken aus Scrum werden angewendet, um die Sichtbarkeit des Fortschritts zu verbessern und somit auch eine größere Transparenz für das Team zu schaffen.

Ein weiterer Aspekt, den viele Teams als wichtig empfinden, ist die kontinuierliche Verbesserung der Prozesse und auch des Produktes. Diese kontinuierliche Verbesserung passiert nämlich automatisch auch auf persönlicher Ebene, welches sehr wichtig für die Teammitglieder ist. In der Praxis werden dafür folgende Praktiken durchgeführt: Am Ende jeder Etappe wird neben dem Produkt auch der Prozess genau unter die Lupe genommen. Das Team evaluiert gemeinsam was gut läuft und was verbessert werden kann. Die zu verbessernden Punkte werden priorisiert und in den nächsten Etappen gezielt angegangen. So entwickelt das Team nicht nur das Produkt von Etappe zu Etappe weiter, sondern verbessert sich sowohl als Team, als auch die Arbeitsprozesse an sich.

Welche Gründe gibt es seitens des Managements Scrum einzuführen?

Die zwei wichtigsten Gründe für das Management Scrum einzuführen, sind die schnellere Entwicklungszeit und eine bessere Qualität von Produkten. Eine bessere Qualität wird durch die regelmäßige Feedback Generierung gewährleistet. Dieses Feedback wird vor allem in den beiden Events, der Sprint Review und der →Sprint Retrospektive, generiert und fließt somit immer wieder direkt oder indirekt in die Produktentwicklung ein.

Diese beiden Events werden regelmäßig durchgeführt. Genau durch diesen Prozess kann Scrum im Vergleich zu anderen Vorgehensweisen punkten, da das Feedback regelmäßig und zielorientiert generiert wird. Zusätzlich hat der Product Owner durch die Produktverantwortung auch den Aufgabenbereich Feedback und Anforderungen während der Entwicklungsarbeit zu erarbeiten und zu implementieren. Dieser Vorgang sollte nicht vernachlässigt werden und ist ebenfalls ein wesentlicher Faktor für die Qualitätssteigerung.

Die Beschleunigung der Entwicklungszeit ist ebenfalls ein wichtiger Grund für die Managemententscheidung. Durch die Aufstellung eines selbstorganisierten, interdisziplinären Teams wird die Entwicklung eines Produkts beschleunigt, denn statt als einzelne Person einen Lösungsansatz zu finden, arbeitet das Development Team zusammen und kreiert somit zusammen den schnellsten und besten Lösungsweg für die Erstellung eines Produkts.

Durch die regelmäßige Hinterfragung und Verbesserung des Entwicklungsprozesses in der Retrospektive werden die Prozesse angepasst und somit optimiert. Dies regelmäßig zu vollziehen ist sehr wichtig, da sich die Markt- und Teamgegebenheiten stetig verändern und somit auch eine Veränderung in den Prozessen oft hilfreich ist. Nimmt man keine regelmäßigen Veränderungen vor, arbeitet man stets nach dem ersten Ansatz, welcher möglicherweise schon veraltet ist. Dieses beschleunigt nicht nur den Prozess, sondern verbessert ihn und erhöht somit auch die Qualität des Produktes. Außerdem trägt der Kunde die Verantwortung für die Qualität, weil der Kunde beziehungsweise der Stakeholder in der Erstellung des Produktes kontinuierlich involviert ist. Durch die Review und den ständigen Austausch mit dem →Product Owner sind die Stakeholder involviert und können somit ihre Anforderungen durch das →Product Backlog widerspiegeln.

Ein weiterer Grund für die Implementierung von Scrum ist, dass das Unternehmen an releasefähigen Teilprodukten arbeitet und es somit die Möglichkeit hat schneller Produkte auf den Markt zu bringen, statt bis zum Ende eines →Wasserfall-Projektes zu warten. Dieser inkrementelle Ansatz kann Unternehmen die Möglichkeit geben als

First Mover in den Markt zu treten und somit auch Wettbewerbsvorteile zu erschaffen. Vor allem in einer Weltwirtschaft, die durch die Globalisierung und Digitalisierung noch schneller wurde, ist es essenziell, um des Wachstumes des Unternehmens zu gewährleisten.

Wie funktioniert Scrum?

Scrum startet, wenn ein oder einige Stakeholder ein Produkt benötigen. Die Anforderungen an das Produkt werden dann in einem so genannten →Product Backlog gesammelt. Das Product Backlog ist also die Zusammenfassung aller Produkteigenschaften, die das finale Produkt umfassen sollte.

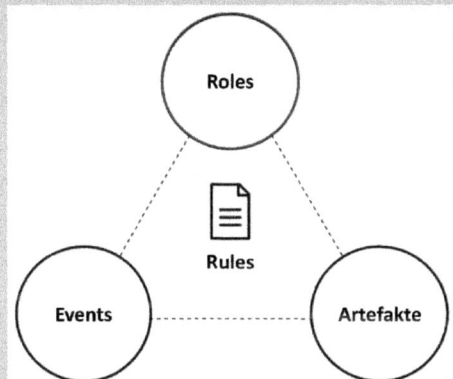

Wie funktioniert Scrum?
Quelle: SCRUM - Das Erfolgsphänomen einfach erklärt, UVK Verlag, S. 50

Nachdem das Product Backlog vollständig ist, beginnt man mit dem →Sprint Planning. Hier wird geplant, welche Produktfeatures im kommenden →Sprint umgesetzt werden sollen. Diese Teilmenge der Produkteigenschaften wird dann in ein Sprint Backlog überführt. Das →Sprint Backlog umfasst somit alle Produkteigenschaften, die im kommenden Sprint umgesetzt werden sollen. Diese sind sozusagen das →Sprintziel.

Danach beginnt die eigentliche Phase der Produktentwicklung: Im Rahmen der Produktentwicklung erfolgt dann ein täglicher Austausch des →Scrum-Teams im Rahmen des →Daily Scrum. Nach Abschluss der Entwicklungszeit des Sprints sollten als Ergebnis neue Produkteigenschaften für das Produktinkrement hervorgebracht werden. Ein Produktinkrement ist hierbei ein fertiger Teil des Gesamtproduktes. Nach dem Sprint besteht die Möglichkeit des Überprüfens und Anpassens in Form eines →Sprint Reviews. Hierbei wird das Produkt, das entwickelt wird, überprüft und gegeben falls angepasst. So besteht einerseits die Möglichkeit für alle, die nicht selbst am Entwicklungsprozess beteiligt waren, Informationen über den aktuellen Entwicklungsstand zu erhalten, wie beispielsweise die Stakeholder. Alle diejenigen, die an der Entwicklung direkt beteiligt waren, erhalten so das Feedback, inwiefern sie sich mit der Arbeit im letzten Sprint – bezogen auf die Produkteigenschaften des gesamten Produkts – angenähert haben.

Die folgende Grafik gibt eine Übersicht, wie Scrum funktioniert und wie der Prozess verbildlicht werden kann. Diese Grafik ist nicht offiziell von den Scrum-Vätern erstellt worden, hilft aber die beschriebenen →Artefakte und Events in eine zeitliche Reihenfolge zu bringen.

Welche Regeln gibt es in Scrum?

Die Regeln sind im →Scrum Guide unter den Scrum Rules niedergeschrieben. Sie beschreiben, wie die wesentlichen Elemente von Scrum, also die Rollen, Events und Artefakte, zusammenspielen. Sie liefern also beispielsweise die Antwort darauf, wann welches Event stattfindet, welche Rollen in welchem Event anwesend sind, welche Aufgaben hierbei haben oder auch welche Rollen für welches Artefakt zuständig sind. Hierfür sind Regeln festgelegt.

Als erstes Regeln für die Rollen, in Scrum Roles genannt. Die Rollen regeln die Aufgaben jedes einzelnen Teammitglieds, je nachdem, zu welcher Rolle es gemäß den nach Scrum definierten Rollen gehört. Jede Rolle hat konkrete Aufgaben, Rechte und

Pflichten. Zweitens die →Artefakte. Die Artefakte sind bestimmte Tools und Techniken, die die Anwendung von Scrum erfolgreich machen und notwendig sind, den Projektablauf effizient zu gestalten. Als drittes kommen die Events an die Reihe. Sie regeln Form, Frequenz und Inhalte der Kommunikation zwischen den Rollen und den Mitgliedern im Projekt.

Das beschriebene Rahmenwerk ist in dieser Form in dem von den Scrum-Vätern veröffentlichten →Scrum Guide so beschrieben.

Alle weiteren Komponenten und Elemente, die über diese hier genannten Komponenten hinausgehen, wurden von anderen Autoren und von Praktikern im Laufe der Jahre zu Scrum ergänzt. Es ist absolut nicht zu empfehlen, dass Scrum durch die Ergänzung anderer Elemente verwässert wird, wenn es das Ziel gibt das Projekt rein agil zu gestalten.

Elemente aus Scrum in das klassische Projektmanagement zu übernehmen kann aus praktischer Sicht durchaus Sinn machen. Die einzelnen Rollen gemäß Scrum stehen während des gesamten Scrum-Prozesses in Interaktion. Dementsprechend haben die Regeln eine große Wichtigkeit, auch wenn Sie in der Praxis oft nicht vollständig befolgt werden.

Linktipp:
Das weitverbreitetste Dokument für die Regeln von Scrum ist der Scrum Guide. Dieser kann in unterschiedlichen Sprachen auf der Internetseite der Scrum.org kostenlos heruntergeladen werden. Folgender Link bringt dich direkt zum Download:
www.scrum.org/resources/scrum-guide?gclid=EAIaIQobChMIpdi Uz6rr6wIVi6SyCh3BZwRBEAAYASAAEgIff_D_BwE

Wie viele und welche Events gibt es in Scrum?

Nach Scrum gibt es fünf Events, die im Rahmen eines nach Scrum gemanagten Projektes stattfinden. Die Praxis weicht jedoch manchmal davon ab. Es ist jedoch wichtig zu erwähnen, dass dies nicht bedeutet, dass es keine Kommunikation außerhalb der Scrum Events geben darf. Nur die Art und Anzahl der Events selbst ist klar vorgegeben.

Dennoch haben in den letzten Jahren mehrere Autoren und Praktiker in ihren Veröffentlichungen weitere Events für sinnvoll erkannt. Diese sind jedoch nicht Teil von Scrum. Es ist an diesem Punkt wichtig zu erwähnen, dass Ken Schwaber und Jeff Sutherland betonen, dass jede Abwandlung und Ergänzung des von ihnen definierten Frameworks von Scrum den Erfolg und die Effizienz der Methode mindern. Folgende fünf Events gibt es in Scrum:

» Sprint,
» Sprint Planning,
» →Daily Scrum,
» Sprint Review und
» Sprint Retrospektive.

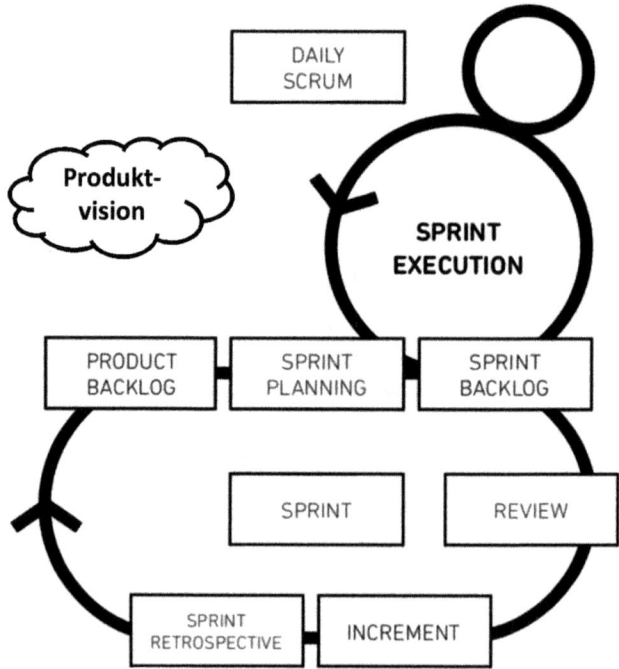

Wie viele und welche Events gibt es in Scrum?
Quelle: SCRUM - Das Erfolgsphänomen einfach erklärt, UVK Verlag, S. 53

Hier ist es für das weitere Verständnis wichtig zu erwähnen, dass der Sprint eine Klammer bzw. ein Container um alle anderen Events ist. Das heißt also, dass die anderen vier aufgeführten Events in einem Sprint stattfinden.

Event/ Details	Rolle				Artefacts/ Werkzeuge	Dauer	Frequenz	Ergebnis
	P	D	M	S				
Sprint	Sprint ist Container (Details siehe einzelne Events)				Siehe andere Events	Max: 4 Wochen	–	Increment
Sprint Planning	ü	ü	ü	-	Product Backlog Definition of Done Sprint Ziel	8 h bei 4 Wochen Sprint	1 x pro Sprint	Definition of Done Sprint Ziel Sprint Backlog
	A	A	A	-				
Daily SCRUM	ö	ü	ö	ö	Taskboard Fortlaufendes Monitoring	max. 15 Minuten	1 x pro Arbeits- tag	Taskboard aktualisiert
	P	A	P	P				
Sprint Review	ü	ü	ü	ü	Definition of Done Increment	4 h bei 4 Wochen Sprint	1 x pro Sprint	Product Backlog aktualisiert Increment abgenommen
	A	A	A	A				
Sprint Retro- spective	ü	ü	ü	-	Feedback	3 h bei 4 Wochen Sprint	1 x pro Sprint	Verbesserungs- maßnahmen
	A	A	A	-				

ANWESENHEIT
ü Verpflichtend anwesend
ö Optional anwesend
– Nicht anwesend

MITWIRKUNG
A Aktive Mitwirkung
P Passive Anwesenheit

Wie viele und welche Events gibt es in Scrum?
Quelle: SCRUM - Das Erfolgsphänomen einfach erklärt, UVK Verlag, S. 128

Was ist ein Sprint?

Als →Sprint wird gemäß →Scrum Guide die Gesamtheit aller Events verstanden. Im allgemeinen Sprachgebraucht wird als Sprint jedoch oft die Zeit nach dem →Sprint Planning und vor der →Sprint Review genannt. Das ist jedoch nicht korrekt, denn es ist die Zeit, in der entwickelt wird. Der Sprint ist also der gesamte Zyklus.

Generell zeichnet sich Scrum durch sein iteratives bzw. zyklisches Vorgehen aus. Die Umsetzung und Entwicklung der einzelnen Elemente des Gesamtproduktes, dem Inkrement, erfolgt jeweils im Rahmen eines Sprints. Ein Sprint ist demnach eine Iteration.

Innerhalb eines Sprints arbeitet das Entwicklungsteam daran, eine bestimmte Anzahl von Eigenschaften des Produkts abzuarbeiten und umzusetzen. Der Sprint ist somit das Herz von Scrum. Die Dauer eines Sprints bzw. der Sprints wird zu Beginn eines nach Scrum gemanagten Projektes festgelegt. Das bedeutet, dass der Zeitrahmen, der für einen Sprint festgelegt ist, nicht geändert wird. Wenn am Anfang eines Projektes festgelegt wird, dass ein Sprint vier Wochen dauert, so wird auch jeder weitere Sprint während des Projektes vier Wochen dauern. Die Dauer bleibt fix. Der Grund dafür ist, dass die Leistungsfähigkeit der →Sprint-Teams am höchsten ist, wenn die Dauer konstant bleibt. Grundsätzlich kann man sagen, dass Sprints immer so kurz wie möglich sein sollten. Ein Sprint kann wenige Tage bis hin zu maximal einem Monat dauern. Wenn ein Sprint zu Ende ist, beginnt bereits der nächste Sprint. Es gibt demnach quasi keine Pause zwischen den einzelnen Sprints.

Wie viele Sprints innerhalb eines Scrum Projektes stattfinden, ist unterschiedlich. Letztendlich finden Sprints statt, solange das Produkt beziehungsweise die Dienstleistung, die entwickelt wird, besteht. Die Struktur innerhalb eines Sprints ist auch immer die gleiche. Ein Sprint beginnt immer mit dem →Sprint Planning als erstes Event.

Das Ziel des Sprints ist es, das Ziel, das sich das →Development Team für den jeweiligen Sprint vorgenommen hat, zu erreichen. Konkret sind die im Rahmen des Sprints umzusetzenden Produkteigenschaften im →Sprint Backlog festgehalten. Die Teilnehmer innerhalb des Sprints sind der →Product Owner, der →Scrum Master, das Development Team und die Stakeholder. Der Sprint selbst wird nicht moderiert wie andere Events, da er ja nur die Klammer darstellt. Während des Sprints werden keine Änderungen vorgenommen, die das Sprint Ziel gefährden. Der Anspruch an die Qualität der Arbeit darf nicht geändert werden. Der →Scope des Sprints darf zwischen dem Product Owner und dem →Development Team verhandelt werden, wenn er dem Lernen dient.

Die Agenda des Sprints ist quasi die Abarbeitung des Sprint Backlogs. Innerhalb des Sprints haben die beteiligten Rollen die Aufgaben, Kompetenzen und Verantwortung, die ihnen auch grundsätzlich gemäß ihrer Rollendefinition zukommen. Ein Sprint kann jederzeit, bevor das Ende der jeweiligen Zeit erreicht ist, abgebrochen werden. Der Sprint kann jedoch nur von dem Product Owner abgebrochen werden. Er ist der einzige, der die Entscheidung über den Abbruch treffen kann, auch wenn er hierzu von Stakeholdern, dem →Scrum Master oder dem Development Team bewegt wurde bzw. von diesen Rollen hierhingehend beeinflusst wurde.

Videotipp:
In dem Video „SCRUM Sprint: Was ist ein SCRUM Sprint? – Der SCRUM Sprint erklärt!♀" auf dem YouTube Kanal von Agile Heroes gibt der Autor dieses Buches, Roman Simschek, eine kurze Erklärung, was ein Sprint ist. Das ▶ Video findest Du unter: www.youtube.com/watch?v=e1mkOHGWLKU

Was ist ein Sprint Planning und wie ist es aufgeteilt?

Das Ziel des →Sprint Plannings ist es den jeweils anstehenden Sprint zu planen. Der Sprint erfolgt in Form eines Präsenz-Events, das immer als allererstes Event eines Sprints stattfindet. Das Sprint Planning findet einmal pro Sprint statt. Jeder Sprint beginnt damit.

Am Sprint Planning nimmt das gesamte Scrum Team teil, also der Product Owner, der →Scrum Master und das Development Team. Das Sprint Planning dauert bei einem Sprint von vier Wochen maximal acht Stunden. Dauert der Sprint weniger als vier Wochen, passt sich die Dauer des Sprint Plannings auch entsprechend proportional an und ist kürzer. Der Scrum Master ist dafür verantwortlich, dass das Sprint Planning stattfindet und dass alle Mitglieder des Scrum Teams verstehen, was das Ziel des Events ist. Er ist zudem dafür verantwortlich, dass das Sprint Planning im vereinbarten Zeitfenster bezüglich der Dauer bleibt. Das Sprint Planning ist in zwei Teile gegliedert.

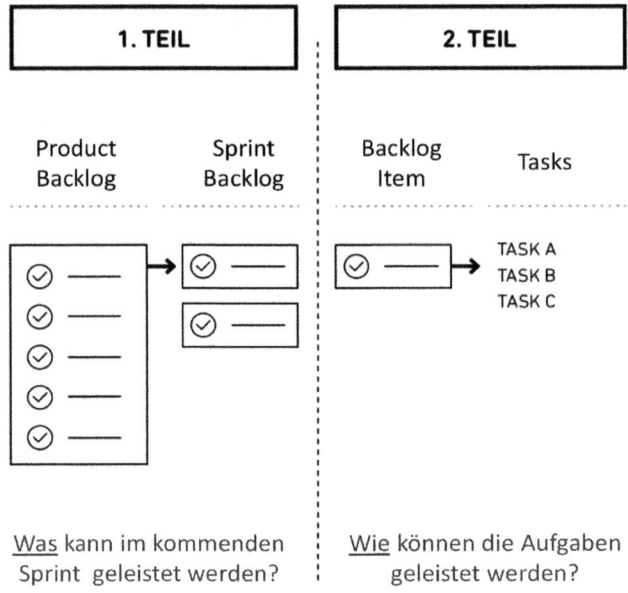

Was ist ein Sprint Planning und wie ist es aufgeteilt?
Quelle: SCRUM - Das Erfolgsphänomen einfach erklärt, UVK Verlag, S. 87

Im ersten Teil stellt man sich folgende Frage: Was kann im kommenden Sprint umgesetzt werden? Der erste Teil umfasst die Vorstellung der Backlog Items, die notwendig sind, um das →Sprintziel zu erreichen. Dies erfolgt durch den Product Owner gegenüber dem Development Team. Die Items, die umgesetzt werden sollen, hat der Product Owner bereits priorisiert, also nach Priorität der Abarbeitung geordnet. Das Product Backlog enthält demnach alle Items, die umgesetzt werden sollen, um das Gesamtprodukt zu entwickeln. Es geht darum, das „Was" zu besprechen, also das, was im kommenden Sprint umgesetzt werden kann. Der Product Owner stellt in einem ersten Schritt dem Scrum Team das Sprintziel und die notwendigen Backlog Items vor. Hierbei kann das Development Team dann die Fragen stellen, die es beantwortet wissen muss, um abzuschätzen, welche der Backlog Items es im nächsten Sprint umsetzen kann. Hierbei erstellt das Development Team eine Schätzung bezüglich des Aufwands und der Komplexität, welches in der Praxis beides betrachtet wird, und der Arbeit bzw.

den →Tasks, die zu erledigen sind, um das Sprintziel zu erreichen. Wichtig ist hierbei, dass das gesamte Scrum Team zusammenarbeitet mit dem Ziel, ein gemeinsames Verständnis der Aufgaben des kommenden Sprints zu haben. Hierbei ist es auch wichtig zu definieren, wann die Aufgaben beziehungsweise die Backlog Items fertig sind. Dazu dient ein gemeinsames Verständnis der „→Definition of Done", welche ebenfalls in diesem Kapitel mit einer Frage thematisiert wird. Der Input für dieses Event ist das →Product Backlog, in dem alle Produkteigenschaften zusammengefasst sind. Zudem auch der letzte Stand des Produktinkrements, die geschätzte Kapazität und vergangene Performance des Scrum Teams. Diese Input-Parameter erlauben es abzuschätzen, „was" im kommenden Sprint geleistet werden kann. Die Entscheidung darüber, wie viele Items für das Sprint Backlog ausgewählt werden, liegt allein beim Development Team.

Im zweiten Teil stellt man sich folgende Frage: Wie wird die gewählte Arbeit erledigt? Im zweiten Teil des Sprint Plannings geht es darum, wie zu leistende Arbeit im kommenden Sprint erledigt wird. Ziel dieses Teilschritts im Rahmen des Sprint Plannings ist, festzulegen, ob die ausgewählten Backlog Items geeignet sind, im kommenden Sprint auch wirklich geleistet zu werden. Hauptergebnis bzw. →Artefakt des Sprint Planning Events ist das Sprint Backlog. Das Sprint Backlog umfasst die aus den Product Backlog für den Sprint ausgewählten Backlog Items und eine Planung, wie diese im Rahmen des Sprints umgesetzt werden. Es geht als um das „Wie" wird im Rahmen des Sprints das umgesetzt, was umgesetzt werden muss? Hierfür werden für jedes Backlog Item Aufgaben bzw. Tasks definiert. Diese Aufgaben dienen dazu, jedes einzelne Backlog Item so zu konkretisieren, dass das Entwicklungsteam genau weiß, welche Aufgaben und Tätigkeiten zur Erledigung des jeweiligen Backlog Items zu erfüllen sind. Die Tasks sind notwenig, um die operative Arbeit des Development Teams nach Beendigung des Sprint Plannings zu ermöglichen. Hierbei ist es wichtig, dass jeder Task so definiert wird, dass er an maximal einen Tag erledigt werden kann. Wäre eine Aufgabe zu groß für einen Tag, so muss sie gemäß Scrum in weitere Unteraufgaben unterteilt werden, so lange, bis diese an einem Tag erfüllt werden können. Zudem sollten die Tasks so formuliert werden, dass für jedes Mitglied des Development Teams ganz eindeutig ist, was zu tun ist. Und dies unabhängig davon, wer im Development Team diese Aufgabe letztendlich übernehmen wird.

Was ist die Schätzung in Scrum und wie erfolgt Sie?

In agilen Projekten wird großer Wert auf das Commitment und die Selbststeuerung eines Teams gelegt. Deshalb ist es beim Schätzen besonders wichtig, dass das gesamte Team einbezogen wird und die Schätzwerte stützt. Dazu gehört auch zu definieren, in welcher Einheit geschätzt wird. Ideal ist es die Komplexität zu schätzen. Allerdings ist es in der Praxis auch oftmals zu sehen, dass weiterhin der Aufwand oder eine Mischung aus den beiden Komponenten geschätzt wird. Außerdem variiert auch der Zeitpunkt, an dem die Schätzung stattfindet.

Meist wird im →Sprint Planning oder im →Refinement geschätzt. Jedoch gibt es auch viele Teams, die ein einzelnes Schätzungs-Meeting bevorzugen. Im gängigen Fall, dass es im Sprint Planning stattfindet, funktioniert es folgendermaßen: Wenn für alle Backlog Items des Product Backlogs Tasks formuliert wurden, dann erfolgt eine Schätzung darüber, wie viel Aufwand für die Abarbeitung eines →Tasks notwendig ist. Diese Schätzung erfolgt in der Einheit Story Points oder in der Einheit Stunden. Der Grund liegt darin, dass ein Task an maximal einem Tag zu leisten ist. Es wäre grundsätzlich auch möglich, die Einheit Minuten zu wählen, jedoch hat es sich in der Praxis gezeigt, dass dies wiederum zu detailliert wäre. Nach dieser Abschätzung, welcher Aufwand notwendig ist, können die Schätzungen aggregiert und mit der Kapazität, die dem Development Team im Sprint zur Verfügung steht, abgeglichen werden. Dies dient dem Vergleich; welche Kapazität steht dem Development Team im Sprint zur Verfügung, und wie steht dies im Verhältnis zu dem zu erwartenden Aufwand. Steht eine höhere Kapazität zur Verfügung als geplant, können weitere Backlog Items in den Sprint aufgenommen werden. Wenn zu geringe Kapazitäten vorhanden sind, müssen einige Backlog Items aus dem Sprint genommen werden, so lange, bis die Kapazitätsgrenze des Sprints gerade erreicht wird.

Es hat sich in der Praxis als hilfreich erwiesen, einen gewissen Kapazitätspuffer zu belassen. Aus Erfahrung sollte dieser jedoch nicht mehr als 10 Prozent der Gesamtkapazität eines Sprints betragen. Das Ergebnis des zweiten Teils des Sprint Plannings ist also das Sprint Backlog. Dieses enthält alle Backlog Items des →Product Backlogs, die im kommenden Sprint bearbeitet werden sollen. Zudem enthält es die Planung für den Sprint, wie diese Backlog Items in Form von Tasks abgearbeitet werden.

Eine im agilen Umfeld weit verbreitete Technik ist das Ermitteln der Story-Point-Werte über Planning Poker. Planning Poker hat sich in der Praxis durchgesetzt, da das Team die Möglichkeit dadurch hat in einem schnellen und effizienten Verfahren zu einer validen Schätzung zu gelangen. Üblicherweise werden Story Points geschätzt, welche auch auf den entsprechenden Planning Poker Cards nach der Fibonacci-Folge dargestellt sind. Es wird in diesem Fall kein Aufwand geschätzt, sondern Komplexität. Eine hohe Zahl bedeutet hierbei eine hohe Komplexität und eine niedrige Zahl eine geringe Komplexität. Die Schätzung hilft den Development Teams, zu überprüfen, ob nicht zu viele oder zu wenige →User Stories bzw. Backlog Items in den Sprint aufgenommen werden. Zusätzlich kann die Velocity der Teams anhand der geschätzten User Stories gemessen werden. Bei gut performenden Teams steigt die Velocity im Laufe der Sprints immer mehr an.

Was versteht man unter Daily Scrum?

Nachdem das Sprint Planning abgeschlossen wurde, beginnt das Development Team seine Arbeit. Konkret bedeutet dies, dass es die Aufgaben, die im Sprint Planning definiert wurden, im Team selbstorganisiert bearbeitet. Wichtig ist hierbei, dass das Development Team die Aufgaben nacheinander abarbeitet und im Idealfall gemeinsam und gleichzeitig am gleichen Backlog Item arbeitet. Während dieser Entwicklungsarbeit trifft sich das Scrum Team physisch einmal an jedem Tag, an dem gearbeitet wird, zum →Daily Scrum. Dieses findet immer zur gleichen Zeit am gleichen Ort statt.

Grund hierfür ist, dass die organisatorische Arbeit der Eventplanung und die Komplexität reduziert werden soll. Die Dauer des Daily Scrum ist auf maximal 15 Minuten beschränkt. Das Ziel des Daily Scrum ist, dass sich das Development Team abstimmt und synchronisiert. Bei jedem Daily Scrum wird die Entwicklungsarbeit für die nächsten 24 Stunden geplant. Hierbei wird immer zuerst die Arbeit der letzten 24 Stunden transparent gemacht und ein Ausblick auf die Aufgaben der nächsten 24 Stunden gegeben. Das Development Team verprobt hierbei den Fortschritt der letzten 24 Stunden bezüglich des →Sprintziels. Zudem analysiert es, wie der Fortschritt bezogen auf die Backlog Items, die im →Sprint Backlog sind, ist. Hauptziel des Daily Scrum ist es, die Wahrscheinlichkeit zu maximieren, dass das Development Team das Sprintziel auch erreicht.

Die Agenda des Events wird vom Development Team selbst festgelegt. Es gibt keine konkreten Vorgaben gemäß Scrum, wie das Daily Scrum strukturiert soll, solange alles darauf abzielt, dass das Sprintziel erreicht wird. Es gibt Development Teams, die strukturierte Fragen nutzen, wie die folgenden:

» Was habe ich gestern für das Development Team getan, um das Sprintziel zu erreichen?
» Was werde ich heute für das Development Team tun, um das Sprintziel zu erreichen?
» Gibt es irgendwelche Hindernisse, die mich oder das Development Team daran hindern, das Sprintziel zu erreichen?

Andere Development Teams hingegen nutzen das →Daily Scrum für ausführliche Diskussionen. Die genaue Agenda des Daily Scrum ist dem Scrum Team letztlich freigestellt, so lange es darum geht, das Sprintziel zu erreichen und die maximale Dauer von 15 Minuten einzuhalten.

Da das Daily Scrum auf 15 Minuten festgelegt ist, ist es in der Praxis oft so, dass sich das Development Team nach dem Daily Scrum noch dazu trifft, um tiefere fachliche Diskussionen zu führen oder um Neuplanungen der restlichen Sprint-Arbeit durchzuführen, oder auch um Anpassungen vorzunehmen. Der Scrum Master hat die Verantwortung, dass das Daily Scrum stattfindet. Das Event selbst wird jedoch rein vom Development Team durchgeführt. Der →Scrum Master hat also eine passive Rolle im Rahmen des Daily Scrums, so lange die Scrum-Regeln angewendet werden. Der Scrum Master ist auch dafür verantwortlich, dass das Daily Scrum das Zeitfenster von 15 Minuten nicht überschreitet. Das Daily Scrum ist also quasi ein internes Event des Development Teams. Falls andere Teilnehmer am Event anwesend sind, stellt der Scrum Master sicher, dass diese Teilnehmer das Event nicht stören und nicht sprechen. Alle Teilnehmer am Daily Scrum außer dem Development Team haben eine passive Rolle.

Das Daily Scrum ist ein wesentlicher Bestandteil der Überprüfung und Anpassung im Rahmen des Scrum Prozesses. Denn es sorgt dafür, dass die Kommunikation des Development Teams verbessert wird, andere Events nicht mehr notwendig oder überflüssig sind, Hindernisse identifiziert und aufgelöst werden, Entscheidungsbedarf erkannt wird und Entscheidungen getroffen werden und der Wissensstand des Development Teams verbessert wird. In der Praxis wird das Daily auch sehr oft nicht physisch ausgetragen, da viele Teams auch international aufgestellt sind oder aufgrund der Reisetätigkeit. Allerdings entspricht dies nicht dem Idealfall und es ist nicht die gleiche Wirkung auf das Development Team zu erwarten.

Was ist ein Sprint Review?

Der →Sprint Review findet stets am Ende der Entwicklungsarbeit statt. Es dient dazu, die wichtigsten Ergebnisse aus dem Sprint zu präsentieren, zu überprüfen und gegebenenfalls anzupassen. So kann der neueste Stand des Produktinkrements transparent gemacht werden, und das Product Backlog kann entsprechend aktualisiert werden. Der Sprint Review findet in Form eines physischen Events statt. Der Product Owner lädt zu dem Event ein. Das gesamte Scrum Team ist beim Sprint Review anwesend. Zudem sind auch die Stakeholder mit eingeladen. So erhalten sie einen Überblick über den neuesten Stand der Entwicklungsarbeit und können dem Development Team gleichzeitig Feedback geben.

Die Präsentation der Ergebnisse des Sprints dient im Wesentlichen dazu, Feedback zu ermöglichen und die Zusammenarbeit zu fördern.

Der Sprint Review dauert maximal vier Stunden bei einem vierwöchigen Sprint. Wenn die Dauer des Sprints kürzer ist, sollte auch der Sprint Review entsprechend angepasst werden. Der →Scrum Master ist dafür verantwortlich, dass das Event stattfindet und dass alle den Grund des Events kennen. Zudem unterstützt der Scrum Master dabei, dass jeder, der am Event teilnimmt, dazu beiträgt, dass das Event in dem festgelegten Zeitrahmen bleibt.

Das Sprint Review hat typischerweise die folgende Agenda:

» Das Development Team stellt die Arbeit vor, die erledigt „Done" ist und beantwortet Fragen über das Produktinkrement.

» Der →Product Owner erläutert, welche Items des →Product Backlog erledigt, also „Done" sind und welche nicht.

» Der Product Owner diskutiert das Product Backlog in seinem aktuellen Stand.

» Er gibt einen Ausblick auf künftige Lieferdaten und Ziele basierend auf dem aktuellen Fortschritt, sofern dies notwendig ist.

» Die gesamte Gruppe, sie umfasst das Scrum Team und die Stakeholder, arbeitet zusammen daran, was als nächstes getan werden sollte, so dass der Sprint Review einen wertvollen Input für das nächste Sprint Planning liefert.

» Als nächstes erfolgt die Überprüfung, wie sich der Markt oder der potenzielle Einsatzbereich des Produkts geändert haben könnte bezogen darauf, was der beste nächste Schritt wäre. Letztlich erfolgt die Überprüfung des Zeitplans, des Budgets, der potenziellen Ressourcen und der Markt für das nächste anstehende Release bezüglich der Funktionen und Capabilities des Produkts.

Das Ergebnis des Sprint Reviews ist ein überarbeitetes Product Backlog. Das Product Backlog kann auch grundlegend angepasst werden, wenn sich neue Möglichkeiten ergeben.

Videotipp:
In dem Video „SCRUM Sprint Review: Was ist ein Sprint Review? –
Sprint Review erklärt!♀" auf dem YouTube Kanal von Agile Heroes
gibt der Autor dieses Buches, Roman Simschek, eine Erklärung, was
ein Sprint Review ist. Das ▶ Video findest Du unter:
www.youtube.com/watch?v=AWBA0DFSMKU

Was versteht man unter einer Retrospektive?

Das Ziel der →Sprint-Retrospektive ist, Feedback einzuholen, um den
Entwicklungsprozess organisatorisch und strukturell zu verbessern. Es
geht also nicht um Feedback bezogen auf die erzielte Arbeit, wie beim
Sprint Review, sondern um die Arbeitsweise; wie war sie und was kann
verbessert werden. Im Kern geht es darum, dass Verbesserungspotenzial bezogen auf Menschen, Interaktionen, Prozess und Werkzeuge
identifiziert wird.

Das Event findet immer nach dem Sprint Review und vor den
kommenden Sprint Planning statt. Das Event erfolgt in Form eines
Präsenz-Events. An dem Event nimmt das gesamte Scrum Team, nicht
jedoch die Stakeholder teil. Dies liegt daran, dass die Sprint-Retrospektive sich auf eine Verbesserung der Entwicklungsarbeit bezieht, also
die Art und Weise, wie das Development Team inklusive des Rests des
Scrum Teams zusammengearbeitet hat. Der Fokus der Stakeholder liegt
jedoch auf dem Ergebnis dieses Prozesses, also dem Produkt.

Die Dauer des Events ist bei einem vierwöchigen Sprint auf maximal drei Stunden begrenzt. Bei einem kürzeren Sprint dauert die
Sprint-Retrospektive entsprechend kürzer. Der Scrum Master ist für
die Organisation des Events zuständig. Zudem muss er dafür sorgen,
dass alle Teilnehmer den Grund des Events kennen. Er nimmt an dem
Event teil, da er für die Einhaltung der Scrum-Regeln verantwortlich
ist. Die Sprint Retrospektive ist eines der wesentlichsten Events, in
denen der Scrum Master die Einhaltung der Scrum-Regeln überprüfen
und eventuell coachend aktiv werden kann. Er hat auch dafür Sorge
zu tragen, dass das Event produktiv und positiv verläuft. Zudem sollte

er allen Teilnehmern dazu anhalten, dass das Event im geplanten Zeitrahmen bleibt.

Folgend werden die Ziele des Events genannt, welche wiederum die Agenda der Retrospektive bestimmen. Es erfolgt die Überprüfung, also wie der letzte Sprint gelaufen ist, mit Fokus auf die Menschen, Beziehungen, Prozesse und Tools. Es folgt die Identifikation und Strukturierung der Themen, die gut gelaufen sind, und potenzieller Verbesserungsfelder. Letztlich kommt es zu der Erstellung eines Plans, wie die Verbesserungsfelder umgesetzt werden können, so dass das Scrum Team seine Arbeit am besten erledigen kann. Im Rahmen der Scrum Retrospektive werden verschiedene Methoden genutzt, um Feedback einzuholen. Die einfachste Art und Weise ist es, eine Metaplanwand in drei Felder zu teilen: Liked, Learned, Lacked.

Jedes Mitglied des Scrum Teams schreibt auf eine Metaplankarte, was ihm zu diesen drei Punkten einfällt, und pinnt es an die Wand. Der Scrum Master moderiert dann das Gezeigte und erarbeitet mit dem Team die Verbesserungspotenziale und einen Plan, wie diese umgesetzt werden können. Für die Verbesserungsmaßnahmen ist im Ergebnis immer entweder das Development Team oder der →Scrum Master zuständig. Auch die erarbeiteten Verbesserungsmaßnahmen sollten priorisiert werden, so dass ganz klar ist, welche dieser Maßnahmen zuerst und von wem umgesetzt werden sollten.

Der Scrum Master nimmt im Rahmen der Sprint-Retrospektive eine zentrale Rolle ein. So ermuntert er das Team dazu, sich zu verbessern, indem es das Scrum Framework, den Scrum-Prozess und den Entwicklungsprozess nutzt, um noch effektiver und mit hoher Motivation zu arbeiten. Im Rahmen jeder Sprint-Retrospektive plant das Scrum Team die Produktqualität zu verbessern, indem es seine Arbeitsprozesse verbessert und die →Definition of Done anpasst. Dies sollte nur in dem Fall geschehen, wenn es angemessen ist und nicht im Konflikt mit Produkt- oder Unternehmensstandards steht.

Das Ergebnis der Sprint-Retrospektive sind identifizierte Verbesserungsmaßnahmen, die im kommenden Sprint umgesetzt werden sollen. Wenn diese Verbesserungsmaßnahmen umgesetzt werden, setzt das Scrum Team die Anpassung um, die durch seine eigene Überprüfung erfolgt ist. Das Scrum Team verbessert also sich und seine Performanz selbst. Grundsätzlich können Verbesserungen zu jeder Zeit im Rahmen des Scrum-Prozesses vorgenommen werden. Dennoch bietet die Sprint-Retrospektive eine formale Möglichkeit, sich auf Überprüfungen und Verbesserungen im Scrum Team zu fokussieren.

Was ist ein Refinement?

Das Refinement, in der Praxis auch oft Grooming genannt, hat das →Product Backlog im Fokus. Beim →Product Backlog Refinement, wie es auch gennant wird, handelt es sich um die Detaillierung und Konkretisierung der Product Backlog Items.

Konkret geht es darum, die Product Backlog Items um die Details wie Beschreibungen, Schätzungen und Priorisierung zu ergänzen. Die Features, Funktionen, Erwartungen und Änderungen des Produkts, die im Product Backlog aufgezählt sind, werden also näher beschrieben. Die Durchführung des Product Backlog Refinements erfolgt zwischen dem Product Owner und dem Development Team. Das Refinement hat keinen festen bzw. bestimmten Zeitpunkt im Rahmen des Scrum-Prozesses. Das Product Backlog Refinement erfolgt fortlaufend. Die Entscheidung, wann und wie es durchgeführt wird, liegt beim Scrum Team.

Der Aufwand für das Product Backlog Refinement sollte insgesamt nicht mehr als 10 Prozent der gesamten Entwicklungsarbeit ausmachen. Im Rahmen des Product Backlog Refinements werden die einzelnen Product Backlog Items überprüft und angepasst. Die Product Backlog Items selbst können jederzeit von Product Owner oder auf seine Anweisung hin angepasst werden. Die Entscheidung über die Anpassung der Product Backlog Items liegt also beim Product Owner, die Entscheidung über den Zeitpunkt der Durchfürhung des Product Backlog Refinements liegt beim Scrum Team.

Die Detaillierung und Granularität der Product Backlog Items ist durchaus unterschiedlich. Grundsätzlich sind alle Product Backlog Items vom Product Owner in eine Rangfolge gebracht worden. Die Rangfolge beschreibt hierbei, welches aus Sicht des →Product Owners die wichtigsten Funktionen sind, die als nächstes vom Development Team umgesetzt werden sollten. Hierbei stehen Product Backlog Items die als nächstes umgesetzt werden sollten, ganz oben im Product

Backlog, und die Items, die später umgesetzt werden sollten, weiter unten. Die Backlog Items, die als nächstes anstehen, sind hierbei konkreter beschrieben und detaillierter als die Items, die erst für eine spätere Umsetzung anstehen. Hierbei ist wichtig, dass die Items, die potenziell für den nächsten Sprint vorgesehen sind, so ausreichend detailliert sind, dass jedes Mitglied des Scrum Teams auch versteht, was zu tun ist und was die Anforderungen bezüglich des „Done" sind. Die Voraussetzung, dass ein Backlog Item aus dem Product Backlog ins Sprint Backlog übergeht und somit im Sprint umgesetzt werden kann, ist also, dass dieses Backlog Item so detailliert wurde, dass es in dem anstehenden Zeitfenster des kommenden Sprints auch umgesetzt werden kann.

Wenn ein Backlog Item vom Development Team innerhalb eines Sprints erledigt („Done") werden kann, wird es als bereit („→Ready") für die Auswahl für den nächsten Sprint und damit für das Sprint Backlog gesehen. Für die Schätzungen ist immer das Development Team zuständig. Der Product Owner kann Einfluss auf das Development Team nehmen und ihm helfen, die Schätzungen durchzuführen und Abwägungen und Trade Offs vorzunehmen. Dennoch bleiben die Entscheidung und die finale Durchführung der Schätzung beim Development Team. Die Praxis zeigt, dass die Refinements bei der Einführung von Scrum auch länger als nur die vorgeschriebenen 10 Prozent dauern. Allerdings ist es wichtig, dass man auf lange Sicht die Zeiten einhält, sonst wird es immer wahrscheinlicher, dass mehr geplant wird als nötig für den nächsten Sprint.

Was steckt hinter einem Product Backlog?

Als dynamische Liste ist das →Product Backlog eine Auflistung aller Produktfeatures, die das entwickelte Produkt enthalten soll. Die Produktfeatures im Product Backlog werden Product Backlog Items genannt. Sie sind in einer bestimmten Reihenfolge nach Priorität geordnet. Es stellt die einzige Quelle aller Anforderungen an das Produkt und aller möglichen Änderungen dar. Das Product Backlog besteht, solange das Produkt besteht. Es beinhaltet auch alle bereits abgearbeiteten Backlog Items beziehungsweise →User Stories.

Das Product Backlog ist nie vollständig, es lebt während des gesamten Entwicklungsprozesses und wird ständig überprüft und angepasst. Die erste Version des Product Backlogs zeigt die anfänglich nach bestem Wissen und Gewissen bekannten Anforderungen. Das Product Backlog verändert sich im Zeitverlauf in dem Maße, wie sich der Einsatzbereich des Produkts und auch das Produkt selbst ändert. Das Product Backlog ist also sehr dynamisch. Es verändert sich ständig, um festzustellen, was das Produkt erfordert, um angemessen, wettbewerbsfähig und nützlich zu sein.

Wenn ein Produkt existiert, existiert auch ein Product Backlog. So ist es in der Welt von Scrum. Das Product Backlog beinhaltet also langfristig alle Features, Funktionen, Anforderungen, Verbesserungen, Änderungen, die in künftigen Versionen des Produkts enthalten beziehungsweise umgesetzt werden sollten. Jeder dieser Einträge im Product Backlog wird Product Backlog Item genannt. Jedes Item hat mehrere Attribute: Beschreibung, Priorisierung, Schätzung etc. Meist enthalten Product Backog Items auch eine Beschreibung der Abnahmekriterien, die im Rahmen der Abnahme durch den Product Owner das „Done" definieren.

Für das Product Backlog ist der Product Owner zuständig. Er hat die Verantwortung, das Product Backlog zu erstellen und es während des gesamten Prozesses zu pflegen. Er ist insbesondere für seinen Inhalt, seine Struktur, die Priorisierung der Backlog Items und seine Verfügbarkeit zuständig. Das Product Backlog kommt während des gesamten Scrum-Prozesses zur Anwendung. Es stellt zu jeder Zeit die Basis bezüglich der Transparenz des zu entwickelnden Produktes dar. Das Product Backlog ist die Sammlung mehrerer Backlog Items, die letztlich in ihrer Gesamtheit alle Funktionen, die das zu entwickelnde Produkt umfasst. Im ersten Schritt ist ein Product Backlog Item nur die Bezeichnung einer Anforderung wie beispielsweise „Außen-Pool". Weitere Details der Anforderungen werden dann im Rahmen des Product Backlog Refinement ergänzt.

Was ist ein Sprint Backlog?

Der →Sprint Backlog ist eine Sammlung aller Product Backlog Items, die das →Scrum-Team für den jeweiligen Sprint ausgewählt hat. Zudem stellt der Sprint Backlog einen Plan dar. Aus ihm lässt sich ablesen, wie das Sprintziel erreicht werden soll. Es hilft also dem Development Team transparent zu machen, welche Backlog Items im Sprint umgesetzt werden. Zudem gibt es zu jedem Zeitpunkt des Sprints Auskunft über den aktuellen Stand der Entwicklungsarbeit des Development Teams und darüber, welche Aufgaben noch zu erledigen sind, um das Sprint Ziel zu erreichen.

Um eine kontinuierliche Verbesserung sicherzustellen, enthält es auch mindestens eine Verbesserungsmaßnahme, die im Rahmen der letzten →Sprint-Retrospektive als wichtig beziehungsweise als von hoher Priorität identifiziert wurde. Das Sprint Backlog ist letztlich eine Teilmenge der Backlog Items aus dem Product Backlog. Die Auswahl dieser Backlog Items aus dem Product Backlog für das →Sprint Backlog erfolgt im Rahmen des Sprint Plannings.

Die Verantwortung für das Sprint Backlog liegt einzig beim Development Team. Alle Anpassungen und Veränderungen am Sprint Backlog dürfen nur durch das Development Team durchgeführt werden. Die Voraussetzung dafür, dass ein Backlog Item in das Sprint Backlog überführt wird, ist erstens, dass es ausreichen detailliert ist. So detailliert, dass das Development Team alle Informationen transparent hat, die notwendig sind, um das Backlog Item im Rahmen des Sprints abzuarbeiten. Und zweitens muss das Backlog Item vom Development Team für den anstehenden Sprint ausgewählt worden sein, so dass dieses Item als umsetzbar bezüglich ihrer eigenen verfügbaren Kapazität während des Sprints einschätzt.

Das Sprint Backlog enthält einen Plan, wie das Inkrement geliefert und damit das Sprint erreicht wird. Konkret enthält das Sprint Backlog eine Planung des Development Teams, welche Funktionalität das nächste Produktinkrement sein wird, und über die Entwicklungsarbeit, die erforderlich ist, um die Funktionalität in ein „Done" zu überführen. Dieser Plan muss so detailliert sein, dass er auch im →Daily Scrum genutzt und verwendet werden kann. In der Praxis wird hierfür oft ein Taskboard verwendet. Das Sprint Backlog wird während des Sprints durch das Development Team immer weiter überarbeitet, so dass sich das Sprint Backlog hinsichtlich Klarheit und Konkretisierung im Laufe des Sprints immer stärker herausbildet. Dies liegt daran, dass, je länger das Development Team am Sprint Backlog arbeitet, es immer mehr von der zu erledigenden Arbeit versteht, die notwendig ist, das Sprintziel zu erreichen. Dieses Wissen wiederum fließt dann im Rahmen der fortlaufenden Überprüfung und Anpassung in das Sprint Backlog ein.

Im Laufe des Sprints kann es vorkommen, dass das Development Team feststellt, dass grundsätzliche Änderungen im Sprint Backlog notwendig sind. Ein Grund, der es erforderlich macht, das Sprint Backlog anzupassen, ist das zusätzliche Aufgaben erforderlich sind. In diesem Falle ergänzt das Development Team die Aufgaben im Sprint Backlog, sobald es bemerkt wird. Ein weiterer Grund ist, dass Aufgaben nicht umgesetzt werden können. Es kann sein, dass im Laufe des Sprints bemerkt wird, dass manche Aufgaben nicht im Laufe des Sprints erledigt werden können. Die Gründe hierfür können vielfältig sein. Wenn dies so ist, dann werden diese gestrichen. Letztlich kann es auch ein Grund sein, dass Aufgaben erledigt sind. In diesem Falle werden diese auch so markiert. Und für die noch offenen Aufgaben erfolgt eine erneute Schätzung. Wichtig ist hierbei, dass es nur dem Development Team erlaubt ist, Anpassungen am Sprint Backlog durchzuführen. Es ist jederzeit für alle Mitglieder des Development Teams einsehbar. Es ist ein Echtzeit-Monitor bezüglich der anstehenden Aufgaben des Development Teams, um das Sprintziel zu erreichen.

Was ist ein Inkrement und wie kommt es zur Anwendung?

Das Inkrement, im englischen →Increment genannt, ist das Produkt in seinem aktuellen Auslieferungszustand inklusive allem, was im aktuellen →Sprint umgesetzt wurde. Das Inkrement wird oft auch Produktinkrement genannt. Es umfasst alle Product Backlog Items, die im Rahmen der vergangenen Sprints umgesetzt wurden. Zudem umfasst es den Wert aller Inkremente, die in den vorherigen Sprints umgesetzt wurden. Das Inkrement ist quasi immer das aktuelle Produkt in seinem letzten Release-Zustand.

Das Inkrement stellt einen wichtigen Bestandteil und Anteil zur Erreichung des Projektziels oder Produktvision dar. Das Entwicklungsteam ist für die Erstellung eines übergabefähigen Inkrements zum Ende jedes Sprints verantwortlich. Nach dessen Fertigstellung ist das Inkrement an den Product Owner zu übergeben. Der Product Owner ist dafür zuständig, die Entscheidung zu treffen, ob er das Inkrement releasen beziehungsweise in Betrieb nehmen möchte. Er kann das Produkt zwar abnehmen und dennoch entscheiden, dass er es nicht releasen möchte.

Am Ende jedes Sprints übergibt das Entwicklungsteam seine Arbeit in Form des auslieferfähigen Inkrements an den Product Owner. Wichtige Voraussetzung der Übergabe ist, dass das Inkrement auslieferfähig ist. Hierzu gehört, dass es einerseits der „→Definition of Done" des Scrum Teams entspricht und auch in einem potenziell auslieferbaren Zustand ist. Diese Überprüfung sollte bei einem gut eingespielten Scrum Team nicht erst bei Übergabe des Inkrements an den Product Owner erfolgen, sondern schon im Rahmen des Sprints durchgeführt werden. Das Inkrement muss grundsätzlich bereit sein in Betrieb genommen zu werden, unabhängig davon, ob der Product Owner es hierfür geeignet hält.

 ### Was ist ein Epic, eine User Story und ein Task?

Diese drei Begriffe kommen in der Theorie von Scrum nicht vor, allerdings sind Sie in der Praxis weit verbreitet, weswegen es wichtig ist, sie einordnen zu können. Zum Verständnis wird hier ein Bau einer Traumvilla als Projekt bzw. Produkt herangezogen. Ein →Epic ist eine sehr umfangreiche, große →User Story. Technisch werden Epics während ihrer Umsetzung in einzelne User Stories gegliedert. Hierdurch entsteht eine Hierarchie zwischen Epic und User Story. In unserem Beispiel könte ein Epic beispielsweise die Außenanlage der Traumvilla sein. Eine User Story ist ein Backlog Item, also eine einzelne Umsetzungsanforderung, welche in der Praxis der agilen Welt meist User Story genannt wird. Eine User Story ist eine aus Sicht des potenziellen Nutzers beschriebene Anforderung an eine Funktion oder ein Feature. In unsrem Beispiel wäre der Pool eine User Story bzw. ein Backlog Item. Ein →Task ist eine einzelne Aufgabe, die notwendig ist, um eine User Story umzusetzen. Übertragen wäre ein Task das Ausheben der Grube für den Pool.

ID	Bezeichnung	Beschreibung	Priorität	Schätzung	Akzeptanzkriterien
99	Außenpool	Großer Außenpool in ovaler Form mit Gegenstromanlage,	1	40 SP	Breite 6 Meter, Länge 12 Meter, Tiefe 1 Meter.
		abdeckbar wegen Laub			Wände Marmor aus Italien (perlmuttweiß, poliert), Regenwasser-Aufbereitung
279					**User Story**
104					
382					**Epic**
...					
...					

PO Verantwortlich / Manager

D Produktverständnis

SM Unterstützt methodisch

Was ist ein Epic, eine User Story und ein Task?
Quelle: SCRUM - Das Erfolgsphänomen einfach erklärt, UVK Verlag, S. 114

Was ist ein Sprintziel in Scrum?

Ein →Sprint kann durch ein →Sprintziel zusammengefasst werden. Die Backlogelemente dienen dann wiederum dazu, das Sprintziel zu konkretisieren. Und die einzelnen Elemente des Backlogs werden wiederum in Tasks gegliedert. Das Sprintziel ist ein Ziel, das für den

Sprint definiert wurde, um mit der Umsetzung des Product Backlogs erreicht zu werden.

Das Sprintziel ist so die Leitlinie für den Sprint. Es gibt dem Development Team Orientierung, warum es das Inkrement umsetzt. Man könnte es auch Schlagwort oder Motto nennen, unter dem der aktuelle Sprint steht. Beispiel: „Zahlungsmöglichkeiten für Kunden auf der Homepage".

Das Sprintziel wird während des jeweiligen →Sprint Plannings festgelegt. Die Product Backlog Items, die für den Sprint ausgewählt wurden, liefern meist eine gemeinsame Funktion des Produkts, diese kann das gewählte Sprintziel sein. Das Sprintziel kann auch jede andere Gemeinsamkeit umfassen, die dazu führt, dass das Scrum-Team zusammenarbeitet, anstatt an unterschiedlichen Initiativen zu arbeiten. Wenn es nicht das eine einzige Sprintziel gibt, können auch mehrere Ziele für einen Sprint definiert werden. Immer wenn das Development Team bei der Arbeit ist, hat es das Sprintziel vor Augen.

Was versteht man unter Definition of Done?

Die →Definition of Done ist steht für „erledigt" oder „fertig. In der Praxis werden ebenfalls →Akzeptanzkriterien verwendet, welche nicht mit der Definition of Done gleichzusetzen sind. Ziel der Definition of Done ist sicherzustellen, dass am Ende eines Sprints ein potenziell auslieferbares Inkrement an den Product Owner übergeben wird, das den Anforderungen der Stakeholder enspricht. Voraussetzung hierfür ist, dass das Scrum Team ein gemeinsames Verständnis (Definition) davon hat, was es bedeutet, dass ein Backlog Item erledigt beziehungsweise fertiggestellt – also „Done" – ist.

Hauptziel der Definition of Done ist, jederzeit Transparenz für das ganze Scrum Team zu schaffen, wann etwas Done ist und wann nicht. Diese Definition of Done kann sich auf das Inkrement, ein Backlog Item und ein Task beziehen. Es kann sein, dass eine allgemein gültige Definition of Done für alle drei dieser Elemente gibt, oder dass es jeweils eine spezifische gibt. Das hängt davon ab, worauf sich das Scrum Team verständigt. Wichtig ist jedoch, dass sich alle Mitglieder des Scrum

Teams möglichst frühzeitig im Scrum-Prozess auf ein einheitliches Verständnis festlegen.

Letztlich ist das gesamte Development Team für die Definition of Done zuständig. Es hat dafür Sorge zu tragen, dass eine Definition of Done entwickelt und diese auch gepflegt wird. Daher sollte möglichst früh im Prozess eine einheitliche Definition of Done entworfen werden. Es ist zu empfehlen, dies auf jeden Fall im Rahmen des Sprint Plannings durchzuführen, bevor der erste Sprint gestartet wird. Denn nur wenn das →Development Team ein einheitliches Verständnis des Done hat, kann die Entwicklungsarbeit effektiv und effizient sein.

So sollte auch nach jedem Sprint eine Überprüfung und Anpassung der Definition of Done stattfinden. Idealerweise erfolgt dies im Rahmen der Retrospektive. Die Definition of Done lebt demnach über den ganzen Scrum-Prozess hinweg. Im Sinne der Transparenz ist es wichtig, dass die jeweils aktuelle Definition of Done für jedermann im Scrum Team zugänglich und einsehbar ist. Es ist zu erwarten, dass sich die Definition of Done im Laufe des Scrum Prozesses mehr und mehr verfeinert, da das Scrum Team lernt, welche Definition of Done für das zu entwickelnde Produkt sinnvoll ist und wie diese mit immer stringenteren Kriterien beschrieben werden kann.

Ziel dieser Verbesserung und Konkretisierung sollte stets sein, dass im Ergebnis eine höhere Produktqualität erzielt wird. Es ist möglich, dass die Tatsache, dass im Laufe des Sprint-Prozesses eine Konkretisierung vorgenommen werden muss. Je konkreter die Definition of Done ist, umso besser wirkt sich dies auf die Inkremente als Ergebnis des Entwicklungsprozesses aus. Aus der Praxis ist zu sagen, dass letztlich jedes Produkt oder jedes System über eine Definition of Done verfügen sollte, die als Standard für alle Arbeiten daran dienen.

In vielen Entwicklungsorganisationen oder Teams gibt es eine einheitliche Definition of Done, die als Mindestmaß für alle Arbeiten in diesem Team gilt. In diesem Fall haben auch alle Scrum Teams diese Definition of Done anzuwenden. Ist dies nicht der Fall, gibt es zwei unterschiedliche Möglichkeiten.

» Erstens, es gibt ein einziges Scrum Team. Wenn es keine einheitliche Definition of Done gibt, muss das →Development Team im

Scrum Team eine Definition of Done definieren, die für das zu entwickelnde Produkt angemessen und passend ist.

» Zweitens, mehrere Scrum Teams arbeiten an einem Produkt. In diesem Fall müssen sich die unterschiedlichen Scrum Teams auf eine gemeinsame Definition of Done festlegen. Da alle Teams an einem Produkt oder System arbeiten, darf es auch nur eine Definition of Done geben.

Es ist noch wichtig zu erwähnen, dass jedes Inkrement eine Ergänzung aller bisherigen Inkremente darstellt und das es in der Form getestet sein muss, dass es mit den anderen bereits ausgelieferten Inkrementen funktioniert.

 Was macht ein Scrum Master?

Auch wenn ein →Scrum Master viele Verantwortungen im Projektumfeld hat, handelt es sich beim Scrum-Master nicht einfach nur um eine andere Bezeichnung für Projektmanager. Der Scrum Master ist quasi für alles, was ein Scrum Projekt für ein Scrum Projekt charakteristisch macht, verantwortlich, also die Einhaltung der Scrum-Regeln.

Der Scrum Master wird auch als Servant Leader bezeichnet. Übersetzt hieß dies, dass er eine „dienende Führungskraft" ist. In Scrum gibt es keinen mit Führungskompetenzen ausgestatteten Projektleiter. Jedoch hat der Scrum Master viele Aufgaben, die sonst einem klassischen Projektmanager zugesprochen würden. Denn er hat den gesamten Prozess und seine Kommunikations- und Eventstrukturen nach den Regeln von Scrum zu gestalten. Hierbei ist seine Rolle die eines Coachs beziehungsweise eines →Moderators.

Er hat die Aufgabe, die anderen Teammitglieder im Scrum Team zu befähigen, die Regeln von Scrum für eine möglichst effiziente Projektarbeit anzuwenden. Er hat auch dafür Sorge zu tragen, allen, die nicht Teil des Scrum Teams sind, zu vermitteln, wie die Interaktion mit dem Scrum Team erfolgreich sein kann. Zudem unterstützt er alle dabei, diese Interaktionen so zu gestalten, dass sie einen maximalen Wert der Arbeit des Scrum Teams sicherstellen. Der Scrum Master ist dafür verantwortlich, dass alle Beteiligten die Scrum Theorie, die Scrum-Praktiken sowie deren Regeln und Werte verstehen. Außerdem ist er der Botschafter für alles rund um das Thema Scrum innerhalb der Organisation. Diese Vielfalt erfordert Kompetenzen.

Der Scrum Master hat die Kompetenz, alle Scrum-Teammitglieder auf Regelverstöße hinzuweisen. Zudem hat er die Kompetenz, jederzeit Maßnahmen zu ergreifen, die dazu notwendig sind, das Verständnis der Scrum-Regeln im Scrum Team zu stärken und so auch deren Anwendung zu verbessern. Da der Scrum Master diese unterstützende Funktion im Rahmen des Scrum-Prozesses hat, können seine Aufgaben sogar konkreter systematisiert werden.

Videotipp:

In dem Video „Was ist ein SCRUM Master? ☺ SCRUM Master erklärt!♀" auf dem YouTube Kanal von Agile Heroes gibt der Autor dieses Buches, Roman Simschek, eine Erklärung, was ein Scrum Master ist. Dieses Video gibt auch Einblicke in seine Aufgaben, welches die nächste Frage dieses Buches ist. Das ▶ Video findest Du unter:

www.youtube.com/watch?v=YR6F-OE-x7Y&list=PLqTqbdnMbcB-V1neVXDnViMZbB3m9pqa_&index=2

Welche Aufgaben hat der Scrum Master konkret?

Der Scrum Master ist der Regelhüter im Rahmen des Scrum-Prozesses. Er hat zu jedem Zeitpunkt im Rahmen der Entwicklungsarbeit, der Events etc. sicherzustellen, dass alle Beteiligten sich an die Regeln gemäß Scrum Guideline halten. Zudem muss er gewährleisten, dass alle Events in der entsprechenden Form stattfinden. Er fungiert hierbei als →Moderator und Coach. Dies bedeutet, dass er zu keiner Zeit in hierarchischem Sinne als Projektmanager oder Projektleiter agiert. Seine Aufgabe ist lediglich eine unterstützende im Scrum-Prozess. Sein Ziel ist, dass er das Scrum Team befähigt, nach den Regeln von Scrum zu arbeiten und gleichzeitig effizient zu sein.

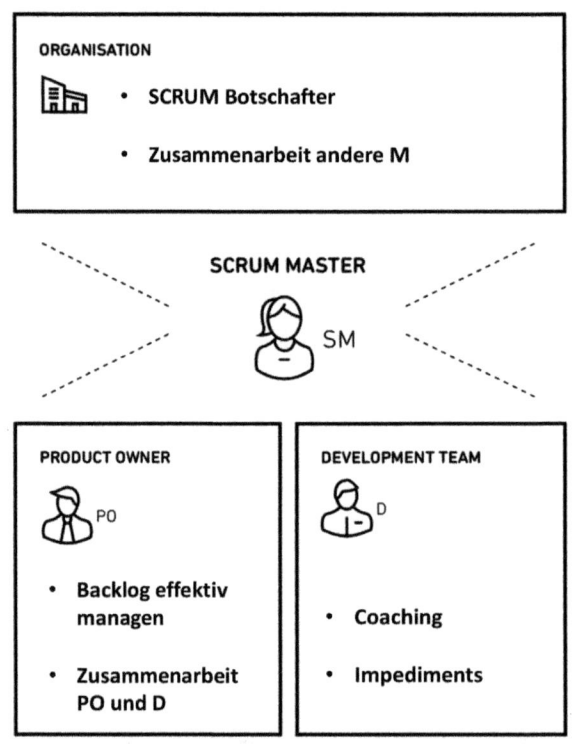

Was macht ein ScrumMaster?
Quelle: SCRUM - Das Erfolgsphänomen einfach erklärt, UVK Verlag, S. 70

Den Product Owner unterstützt er mit vielseitigen Aufgabengebieten. Er stellt sicher, dass jeder im Scrum Team die Ziele, den Umfang und den Anwendungsbereich des Produktes versteht. Außerdem unterstützt er durch Anwendung von Techniken und Methoden, damit der →Product Owner das →Product Backlog effektiv managen kann. Er unterstützt das Scrum Team im Verständnis für den Nutzen und die Notwendigkeit von klar definierten Product Backlog Items.

Zusätzlich stellt er sicher, dass der Product Owner weiß, wie man das Product Backlog so managt, dass es einen maximalen Wert stiftet. Allgemein sorgt er dafür, dass das Verständnis und der Anwendungsraum für Agilität geschaffen sind. Er initiiert Scrum Events, sofern es notwendig oder angemessen erscheint.

Der →Scrum Master hat auch vielfältige Aufgaben für das →Development Team zu leisten. Durch Coaching hilft der Scrum Master diesem Team die Selbstorganisation und die Interdisziplinarität zu verbessern. Allgemein unterstützt er das Team durch Prozessoptimierung hochwertige Produkte zu schaffen. Er beseitigt Hindernisse, die den Fortschritt des Development Teams behindern. Allgemein ist er immer zur Stelle bezüglich organisatorischer Bereiche im Unternehmen, in denen Scrum noch nicht vollständig verstanden oder angewendet wurde.

Letztlich hat der Scrum Master weitere Aufgaben innerhalb des gesamten Unternehmens: Allgemein führt und coached er die Organisation bei der Anwendung von Scrum. Er plant die Scrum Umsetzungen innerhalb der Organisation und unterstützt die Mitarbeiter und Stakeholder Scrum zu verstehen, anzuwenden und grundsätzlich empirische Produktentwicklung zu leben. Der Scrum Master stößt Veränderungen an, die die Produktivität des Scrum Teams steigern. Generell arbeitet er mit anderen Scrum Mastern zusammen, um die Effektivität bei der Anwendung von Scrum in der Organisation zu steigern.

Was ist ein Product Owner und welche Aufgaben hat er?

Der Product Owner vertritt die Interessen des Auftraggebers oder des Kunden. Er ist verantwortlich für den geschäftlichen Erfolg des Produkts. Er ist somit für das „Was" zuständig: Was wird umgesetzt, um den Wert des Produktes zu maximieren? Das ist seine Kernfrage.

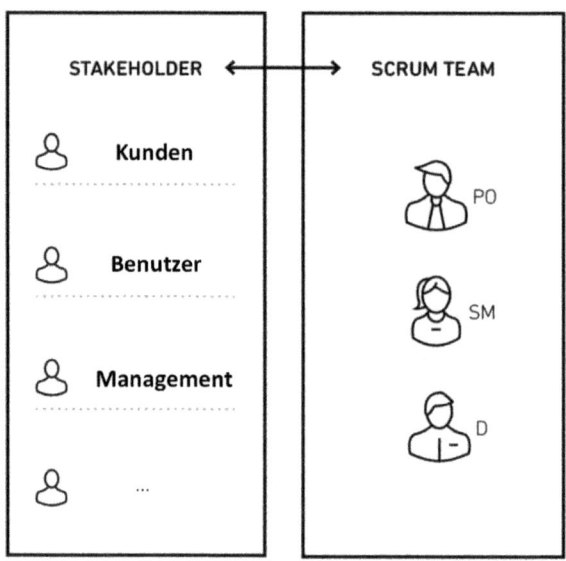

Was ist ein Product Owner und welche Aufgaben hat er?
Quelle: SCRUM - Das Erfolgsphänomen einfach erklärt, UVK Verlag, S. 61

Der Product Owner ist während des gesamten Scrum-Prozesses sehr stark eingebunden. Er hat zu Beginn des Prozesses die Aufgabe in Abstimmung mit dem Stakeholder die Ausstattungsmerkmale des zu entwickelnden Produktmerkmale abzustimmen. Zudem hat er diese Produktmerkmale entsprechend auch strukturiert in Form eines Product Backlogs zu managen. Sein wesentliches Werkzeug ist das Product Backlog. Während der Entwicklungsarbeit selbst zieht er sich etwas zurück und überlässt die wichtigsten Entscheidungen dem Development Team selbst.

Nach einem Sprint bzw. zum Ende des Sprints wird er wieder aktiver in der Form, dass er den Blick darauf lenkt, ob im Rahmen der Entwicklungsarbeit die wichtigsten Product Backlog Items abgearbeitet wurden. Konkret hat er die Aufgabe die Wertmaximierung des Produkts durch Priorisierung des Product Backlogs zu gewährleisten. Außerdem optimiert er den Wert der Arbeit des →Development Teams. Generell kann er die Aufgaben bezüglich des Product Backlogs allein erfüllen oder aber delegieren. Er bleibt jedoch verantwortlich. Er sollte insgesamt eine Vision für das Produkt haben und für das Produkt brennen.

Zusätzlich zu den aufgeführten Aufgaben hat er die Kompetenz als einziger im Scrum Team dem Development Team Aufgaben in Form von im Backlog definierten Anforderungen zu übertragen. Er handelt im Auftrag der Stakeholder, wie beispielsweise des Kunden oder des Managements. Er vertritt somit deren Interessen im Scrum-Prozess. Er hat alle Vollmachten bezogen auf das Produkt, um es erfolgreich zu machen. Dies bedeutet, dass dem Product Owner das Produkt „gehört". Im Idealfall ist er auch derjenige, der über das Budget verfügt, das notwendig ist, um das Produkt zu entwickeln. Außerdem ist er Eigentümer des Product Backlogs und legt die Priorisierung der Items fest.

Durch seine Verantwortung für den finanziellen Erfolg des Produktes, ist er für die Wertmaximierung des Produktes allgemein und in jedem einzelnen Sprint zuständig. Die Verantwortung über das Product Backlog hat zur Folge, dass die Einträge klar formuliert sein müssen, sodass Ziele und Missionen optimal erreicht werden. Außerdem sollte die gesamte Organisation den Product Owner respektieren. Dafür sollte allerdings auch der Product Owner seine Entscheidungen in Inhalt und Reihenfolge des Product Backlogs sichtbar sein.

Der Product Owner ist eine Rolle im Scrum Team, die nur von einer einzelnen Person durchgeführt werden darf. So ist sichergestellt, dass es eine eindeutige Priorisierung der Backlog Items gibt. Zudem gibt es so stets klare Antworten auf Fragen sowohl des Development Teams als auch der Stakeholder. Er hat zudem die Verantwortung, die Ziele und Anforderungen der Stakeholder zu bündeln und im Rahmen der Entwicklungsarbeit zu vertreten.

Aus diesem Grund hat der Product Owner zwei Gesichter. Eines, das den Stakeholder zugewandt ist: Hier geht es darum, fortlaufend die Anforderungen der Stakeholder zu verstehen, zu sortieren und zu bündeln. Und ein weiteres Gesicht, das dem Development Team zugewandt ist: Hier ist seine Aufgabe, die Entwicklungsarbeit durch klare Vorgaben im Product Backlog effizient zu gestalten. Und auch Entwicklungsergebnisse nach klar definierten Abnahmekriterien zu bewerten beziehungsweise abzunehmen.

Nach dem Sprint nimmt der Product Owner im →Sprint Review die Ergebnisse nach vorher definierten Kriterien ab. In der Praxis wird der Product Owner auch oft von Business Analysten unterstützt, allerdings ist dies nicht in der Scrum Theorie enthalten, weswegen die praktischen Beispiele sehr variieren.

Videotipp:
In dem Video „SCRUM: Was ist ein Product Owner? 😕 Product Owner erklärt! 🗡" auf dem YouTube Kanal von Agile Heroes gibt der Autor dieses Buches, Roman Simschek, eine Erklärung, was ein Product Owner ist. Das ▶ Video findest Du unter: www.youtube.com/watch?v=2ZdjhN1rypk&list=PLqTqbdnMbcB-V1neVXDnViMZbB3m9pqa_

Was ist das Development Team und was macht es aus?

Dieses Team ist eine der drei zentralen Rollen neben dem Product Owner und dem Scrum Master. Die Mitglieder setzen die vom Product Owner spezifizierten Items des Product Backlog selbstorganisiert um. Das →Development Team – auch Entwicklungsteam genannt – ist für das „Wie" verantwortlich. Es stellt sich also die Frage: Wie wird das Produkt entwickelt und umgesetzt?

Die Development Teams nach Scrum haben ganz spezielle Charakteristika, die den Geist von Scrum ausmachen. Die Teamgröße beträgt drei bis neun Teammitglieder. Eine weitere Charakteristik ist die Selbstorganisation. Development Teams haben keine Projektleiter. Sie organisieren sich selbst. Es ist die Aufgabe der Organisation, alles dafür zu tun, dass das Development Team sich selbst organisieren und managen kann. Es sorgt für alle Kompetenzen und Ressourcen, die hierfür erforderlich sind. Die einzige Vorgabe, die das Development Team vom Product Owner bekommt, ist die Art und die Priorität der Produkteigenschaften, die in allen Sprints umgesetzt werden sollen. Diese sind im so genannten Product Backlog gespeichert. Wie das Team die Produkteigenschaften des Sprint Backlogs und die Ziele des Sprints erreicht, ist allein ihm überlassen.

Eine weitere Eigenschaft ist die Interdisziplinarität. Das bedeutet, dass verschiedene Kompetenzen und Fähigkeiten innerhalb des Teams vorhanden sind. Alle Rollen innerhalb des Development Teams sind gleichrangig. Titel sind deshalb nicht relevant. Das bedeutet jedoch nicht, dass es keine unterschiedlichen Aufgabenverteilungen innerhalb des Teams gibt. Diese Aufgabenverteilung ist jedoch stets durch die jeweilige Aufgabe definiert und manifestiert sich nicht durch die Vergabe eines Titels innerhalb des Teams. Außerdem ist das Development Team zusammen für das Ganze verantwortlich. Es kann zwar Aufgaben innerhalb des Teams mit unterschiedlichen Kompetenzen organisieren, dennoch bleibt die Gesamtverantwortung. Kein Einzelmitglied trägt mehr oder weniger Verantwortung als ein anderes.

Generell ist die Hauptaufgabe des Development Teams, das Produkt richtig zu entwickeln. Die Mitglieder sind die einzigen, die am Inkrement arbeiten. Alle anderen Aufgaben haben sich dieser Hauptaufgabe unterzuordnen und sind lediglich unterstützend.

Im Idealfall arbeiten möglichst viele Mitglieder des Development Teams an einem Backlog Item. Es sollte vermieden werden, dass zu viele Mitglieder an zu vielen unterschiedlichen Backlog Items parallel arbeiten. Es gilt das Prinzip der Fokussierung und der priorisierten seriellen Abarbeitung.

Auch bei der Verteilung unterschiedlicher Aufgaben auf verschiedene Mitglieder bleibt die Verantwortlichkeit beim gesamten Team. Generell hat das Development Team die Verantwortung für die Entwicklung des aktuellen Inkrements. Dazu gehören die Priorisierung der Aufgaben, die Organisation und tägliche Mitwirkung des →Daily Scrums. Allgemein ist das Tracking des Fortschritts in den Sprints inklusive der Aktualisierung der Tools, die hierfür verwendet werden, eine wesentliche Aufgabe. Im eigentlichen Sinn ist das Development Team der Eigentümer des →Sprint Backlogs. Nur das Entwicklungsteam darf Veränderungen am Sprint Backlog vornehmen. Zusätzlich hat es die Entscheidungskompetenz über das „wie viel", also die Menge und der Umfang im Rahmen des →Sprint Plannings.

Für welche Projekte ist Scrum geeignet?

Scrum ist in der Praxis für nahezu alle Projekte geeignet, wenn man diese in mancher Hinsicht etwas anpasst und sich eingesteht, dass es nicht immer hilfreich ist alles bis in das letzte Detail zu planen. Das bedeutet, dass diese Frage am besten mit dem folgenden Gegensatz beantwortet werden kann. Wenn ein Unternehmen ein klares End-produkt mit klarer Deadline geplant hat, ist Scrum ungeeignet. Grund dafür ist, dass Scrum den Entwicklungsprozess optimieren möchte in dem man fortlaufend sich an die →Stakeholder und den Market für Feedback wendet und somit dann das Produkt weiter anpasst. Genau für diesen Vorgang ist es nützlich sich einzugestehen, dass es in einer sehr komplexen und schneller werdenden Welt, es nicht hilfreich oder gar möglich ist alles zu planen. Dementsprechend macht es also mehr Sinn mit einer Produkt Vision zu arbeiten und einzelne Aspekte des Produktes offen zu lassen beziehungsweise anpassungsfähig. Da es auch Branchen und Produkte gibt, die dies nicht zulassen, erfährt auch Scrum dort seine Grenzen.

Beispiele sind dafür die Pharmaindustrie, bei der nicht Medika-mente an den Markt gebracht werden können und erst danach geschaut werden kann, ob es einen positiven Einfluss auf die Ge-sundheit des Menschen hat. Des Weiteren ist es bei Projekten oder Produkten, die eine klare Deadline haben, auch nicht sonderlich hilfreich Scrum einzusetzen, da sich die Anpassungsfähigkeit der Agilität nicht ausprägen kann. In diesem Falle ist ein klassischer Projektansatz, bei dem vom Ergebnis aus alles geplant wird, besser. Da die meisten Produkte auf dem Markt langfristig angepasst wer-den, ist Scrum für sehr viele Projekte geeignet. Dies kann man auch in der Praxis sehen: Scrum hat zwar in der Softwareentwicklung gestartet, ist allerdings mittlerweile in vielen anderen Branchen in Anwendung.

Videotipp:
In dem Video „Mit Hilfe agiler Vorgehensweisen zum erfolgreichen
Podcast?" sprechen Co-Gründer Fabian Kaiser und Domenik Boss
über die Anwendung von agilen Methoden für die Entwicklung
eines Podcast. Dies ist ein Beispiel für die Vielseitigkeit der Projekte
bei denen Scrum angewendet werden kann. Das ▶ Video findest
Du unter:
www.youtube.com/watch?v=UsijCCoAdEo

Wo liegen die Grenzen in der Anwendung von Scrum?

Die Grenzen von Scrum gehen sehr eng mit den Grenzen von Agilität
im Allgemeinen einher. Scrum führt eine Art Standardisierung des
Prozesses hervor, wenn man in der reinen Theorie implementiert.
Die Grenzen der Standardisierung sind vorab schwer abzuschätzen.
Es kann ohne konkrete Erfahrungen schwer abzuschätzen sein, auf
welche Grenzen Scrum – oder, allgemeiner, ein Standard – in einem
Unternehmen stößt. Vorgelagerte Assessments, Trainings oder andere
Versuche einer Absicherung beruhen auf der Vorstellung einer künfti-
gen Realität, nicht auf der konkret aktuellen Realität selbst.

Im Nachhinein und mit konkreten Erfahrungen im eigenen Alltag
mag es nicht ungewöhnlich erscheinen, dass Personen mit der Einführung von Scrum überfordert sind, Scrum keine Lösung jahrelanger
Konflikte ist oder sich in einem überwiegend anders organisierten
Unternehmen nicht behaupten kann. Scrum scheint in allen Szenarien
als eine Art kontextunabhängiger Standard angesehen zu werden, der
möglichst in jedem Umfeld funktionieren soll.

Dies zeigt sich in der Praxis jedoch häufig anders, da sich die Grenzen
sehr unterscheiden. Unternehmen erhoffen sich oft ausschließlich
durch Scrum schneller und bessere Produkte zu produzieren und somit
eine bessere Positionierung im Markt zu erlangen. Allerdings ist dies
nicht nur durch den Scrum-Prozess zu gewährleisten, da Ressourcen,
also auch die Mitarbeiter und ihre Kenntnisse, einen großen Einfluss
auf den Erfolg des Unternehmens haben. Scrum hat also keinen Einfluss
darauf, wenn die Mitarbeiter veraltete Arbeitsweisen und Kenntnisse

haben und sich das Management erhofft Innovationen voranzutreiben. Dies ist mit dem vorher genannten Aspekt der jahrelangen Konflikte ebenfalls gemeint.

Eine Feedback-Kultur, die ein wesentlicher Bestandteil von Scrum ist, kann definitiv Unternehmen bei der Prozessoptimierung und der Entwicklung helfen, allerdings zeigen die Feedback Meetings auch nicht die Wirkung, wenn weder Offenheit noch Transparenz herrschen. Anhand dieser Beispiele sollte ersichtlich werden, dass Scrum viel verändern kann und einen Unterschied zwischen Unternehmen ausmachen kann, allerdings hat die Methode auch seine klaren Grenzen, wenn auch jede andere Managementmethoden ihre Grenzen finden würden.

Lesetipp:
Mehr Inhalte bezüglich der Grenzen, der Implementierung und Scrum im Allgemeinen findest Du in der Fachliteratur der Agile Heroes, das Buch Scrum. Dieses Buch findest Du unter: www.agile-heroes.de/buch/

Kanban

 Dieses Kapitel zeigt das Wechselspiel zwischen Kanban und Agilität.

Was versteht man unter Kanban?

Der Begriff →Kanban stammt aus dem Japanischen und setzt sich aus den Worten *kan* für Visualisieren und *ban* für Karte, Beleg oder Tafel zusammen. Kanban bedeutet übersetzt „Signalkarte".

In der IT wird Kanban als Methode für agiles Software-Projektmanagement verwendet. Ursprünglich ist Kanban allerdings eine Methode zur dezentralen, flexiblen Steuerung von Produktionsprozessen in der Automobilindustrie.

Kanban ist eine Arbeitsmanagementmethode, die aus dem Toyota Production System (TPS) entstanden ist. Ende der 1940er Jahre führte Toyota die Just-in-Time-Produktion ein. Der Ansatz basiert auf einem →Pull-System. Die Produktion wird dabei an der Kundennachfrage ausgerichtet und nicht wie bei →Push-Systemen üblich auf bestimmte Mengen festgesetzt, die dann auf den Markt kommen.

Davon ausgehend etablierte sich die Methode auch in der Software-Entwicklung. Sowohl bei Microsoft als auch bei Corbis (ein weiteres Unternehmen von Bill Gates) hat man in den 2000er-Jahren die aus der Autoindustrie stammende Idee der schlanken Entwicklung umgedeutet und für sich adaptiert. Statt um Produktionsmaterialien ging es jetzt darum, Aufgaben nach der Pull-Methode anzugehen: Erst wenn ein Team Aufgaben abgearbeitet hat, werden weitere aus dem Backlog gezogen. Auf diese Weise lässt sich auch in vielen anderen Einsatzgebieten der Workflow verbessern.

Dieses einzigartige Produktionssystem legte den Grundstein für eine Lean-Produktion oder einfach Lean. Sein Hauptzweck ist die Minimierung von Aktivitäten, die zu Verlusten führen, ohne die Produktivität zu beeinträchtigen. Das Hauptziel ist es, ohne Zusatzkosten mehr Wert für die Kunden zu schaffen.

Im Ergebnis erhalten Projektbeteiligte durch Kanban die Möglichkeit zu einer weitgehend autonomen Arbeitsorganisation sowie zur einer transparenten, effizienten Informationsvermittlung. Aus diesem Grund hat sich Kanban als Methode für agiles Projektmanagement etabliert. Hierbei werden komplexe Projekte und Prozesse in mehrere Arbeitsschritte aufgegliedert, die als Grundlage der Planung von Aufgaben, Optimierungen und Kollaborationsprozessen dienen. Projektbezogenes Kanban ermöglicht also einen konsistenten und bedarfsgerechten Workflow.

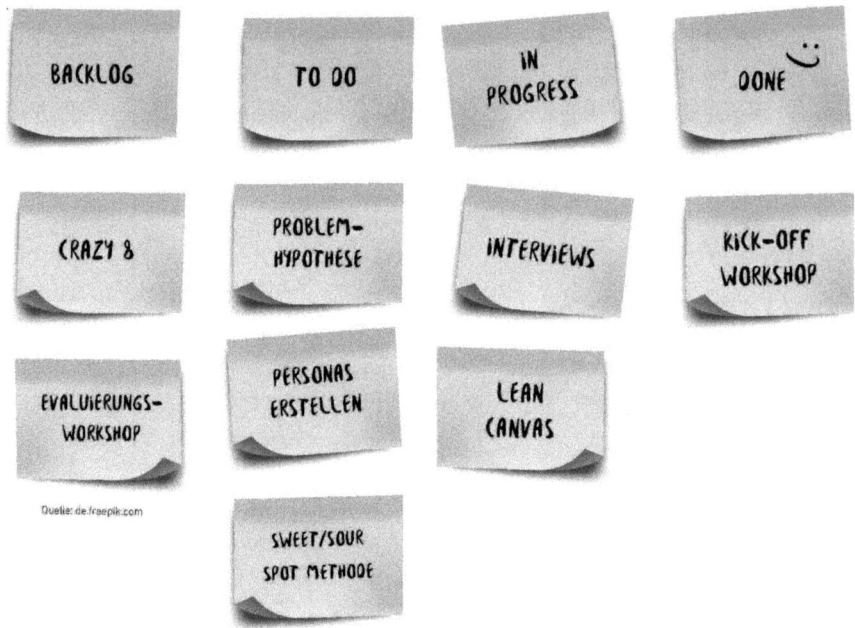

Was versteht man unter Kanban?
Quelle: Design Thinking - Innovationen erfolgreich umsetzen, UVK Verlag, S. 134

Videotipp:
Das Video „Kanban" auf dem YouTube Kanal von ITB Operations & Process Management (Prof. Dr. R. Ziegenbein, FH Münster) ist sehr hilfreich für den Einstieg in das Thema Kanban. Das ▶ Video findest Du unter:
www.youtube.com/watch?v=kJo9jLKFw0c

Warum ist Kanban erfolgreich?

Kanban ist einfach verständlich, es folgt sehr wenigen und einfachen Regeln und dabei sind diese nicht „in Stein gemeißelt". Man kann sie auch als Richtlinie bzw. Richtschnur verstehen, die sich bei der praktischen Umsetzung als sehr nützlich erwiesen haben. D.h. wie die Praktiken für ein Kanbansystem umgesetzt werden, liegt ganz bei den Unternehmen selbst. Wenn nur wenige Praktiken von Kanban eingeführt werden, dann ist es eine leichte Version von Kanban. Werden hingegen alle Praktiken von →Kanban eingeführt, ist eine sehr starke Version oder ein komplettes System das Resultat. Es gibt hierzu aber keine Vorschriften, wann Kanban Kanban ist und wann nicht.

Bei anderen Methoden, wie z. B. Scrum, ist der Kodex das Gesetz. Dies kann auch sehr sinnvoll sein und muss nichts Schlechtes bedeuten. Manchmal hilft Teams eher ein Korsett, das dem Team einen festen Rahmen geben kann, das alle leitet und die nötige Orientierung geben kann. Manchmal jedoch brauchen Teams oder Unternehmen aber gegebenenfalls einen flexiblen Rahmen. Dementsprechend ist die Flexibilität von Kanban ein Grund für den Erfolg.

Alle Prinzipien in Kanban sind hilfreich und greifen ineinander. Wie aber die Prinzipien umgesetzt werden, bleibt jedem Unternehmen selbst überlassen. Sollte ein Unternehmen merken, dass die Visualisierung ihres Systems nicht mehr richtig stimmt und den Prozess nicht in echt abbildet, sollte dieses nicht zögern es anzupassen, sodass die Visualisierung an den bestehenden Prozess passt. Das hat zur Folge, dass Kanban für kontinuierliche Verbesserung sorgt. Kanban hat nicht den Anspruch Unternehmen kurzfristig zu ändern. Dies geschieht in kleinen Schritten. Es geht hier also um einen fortwährenden Prozess der Verbesserung.

An dieser Stelle ist es wichtig einen weiteren Grund aufzuführen, den Kanban vor allem in größeren Unternehmen erfolgreich machen kann. Kanban ist einfach skalierbar. Es ist möglich Kanban auf jeder Ebene in einem Unternehmen einzuführen. Es wird also nicht noch eine weitere Methode, die extra skaliert ist, gebraucht, um auch auf anderen Ebenen zu funktionieren. Dabei heißt das aber nicht, dass Kanban sich nicht mit anderen Methoden verträgt. Wenn beispielsweise in der Entwicklung Scrum genutzt wird, ist es durchaus hilfreich weiter Scrum beizubehalten, wenn es dem Team nutzt. In diesem Fall könnte es eine gute Idee sein z. B. auf der Abteilungsebene Kanban einzuführen um die Arbeit, die zu den verschiedenen Teams gelangt, besser zu koordinieren. Zusätzlich ist es auch noch möglich auf der Managementebene Kanban parallel einzuführen.

Was hat Kanban mit Agilität zu tun?

Kanban ist die agile Methode für evolutionäres Change-Management. Das bedeutet, dass der bestehende Prozess in kleinen Schritten, also evolutionär, verbessert wird. Indem viele kleine Änderungen durchgeführt werden, anstatt einer großen, wird das Risiko für jede einzelne Maßnahme reduziert. Dies allein hat schon viel mit dem Thema Agilität zu tun. Die Flexibilität und Anpassungsfähigkeit, die durch agiles Arbeiten vorangetrieben wird, sorgt für einen evolutionären Prozess, der kontinuierlich Verbesserungen mit sich bringt.

Dies wird klarer mit der Aussage, die oft mit Agilität in Verbindung gebracht wird: Agilität ist eine Reise und kein Ort, den man nur erreicht. Dies zeigt die allgemeine Überschneidung mit der Methode Kanban. Kanban ist eine Lean Management-Methode, was auch schon den Übergang zu einer weiteren agilen Methode und der Agilität führt. In der Praxis wird Kanban auch oft in Verbindung mit Scrum eingesetzt, da sich diese Methoden in der Agilität gut vereinen lassen.

Auf was ist bei der Implementierung von Kanban zu achten?

Als ersten Punkt setzt man bei der Implementierung von →Kanban auf den Abläufen und Prozessen auf, die zum aktuellen Zeitpunkt zur Verfügung stehen. Es wird kein fern in der Zukunft liegender Soll-Zustand definiert, denn nicht alles ist in einem bestehenden System per se schlecht. Der gedankliche Kern ist es, Mechanismen im System zu installieren, die laufende Veränderung und Verbesserung erlauben. Anders als im klassischen Veränderungsmanagement entsteht hier der Weg also beim Gehen. Im Laufe des Prozesses sollen alle Beteiligten selbst erkennen, was sie können, wie sie sich zu helfen haben, wann und wie sie handeln müssen. Um Missverständnissen gleich vorzubeugen: Nur weil die aktuelle Situation der Ausgangspunkt ist, ist Kanban kein Vorwand, den Status quo zu wahren. Veränderung muss ständig passieren. Zwar wirkt Kanban in seinen Instrumenten zunächst einfach, die Schwierigkeit liegt jedoch darin, den Kaizen-Gedanken der kontinuierlichen Verbesserung in die Köpfe der Menschen zu bringen.

Veränderung muss nicht am Menschen, sondern durch die Menschen passieren. Ziel ist es, mit Kanban einen kontinuierlichen Arbeitsfluss zu etablieren, der am Ende einen Mehrwert beim Kunden generiert. Bei der Fertigung physischer Produkte ist meist offensichtlich, wo es hakt. Anders in der Wissensarbeit: Ob es Probleme gibt und wo sie genau liegen, lässt sich oft schwer erkennen, das erschwert Optimierungen und wirkliche Veränderungen. Kanban hilft, die Abläufe der Wissensarbeit – und die hier vorhandenen Probleme, die den Arbeitsfluss behindern – sichtbar zu machen. Die Einführung mengenmäßiger Beschränkungen der Arbeit (WiP-Limits, Begrenzungen des →Work in Progress) macht deutlich, was das System ins Stocken bringt und Mitarbeiter daran hindert, Arbeiten abzuschließen.

Letztlich ist es auch enorm wichtig zu sagen, dass das gemeinsame Verständnis essenziell für die Implementierung von Kanban ist. Verordnung von Veränderung funktioniert nicht. Genauso wenig funktioniert es, wenn Teams die Veränderung an sich reißen, Management und →Stakeholder als „Impediments" sehen und vor vollendete Tatsachen stellen. Change-Management durch Kanban forciert den Weg, der Konsens und gemeinsames Verständnis mitbringen soll. Für alle Beteiligten im Unternehmen muss die Veränderung nachhaltige Vorteile bringen, sonst schert immer eine Partei aus. Im besten Fall durchlaufen dazu alle Parteien drei Phasen des Veränderungsprozesses. Alle verstehen, dass eine Veränderung nötig ist. Dies führt im Idealfall zu Engagement.

Gemeinsam entwickelt man eine Vision und vereinbart Aufgaben und messbare Ziele für die Veränderung. Letztlich kommt es zur Durchführung. Die Vision wird in Schritten umgesetzt und nach den vereinbarten Kriterien beurteilt. In der Praxis überspringt man häufig die ersten beiden Phasen und daher scheitern auch Veränderungsprojekte – egal ob klassisch oder agil. Denn dem Initiator, was oft das Management ist, ist meistens klar, was er warum verändern will während der Mitarbeiter und die Teams nicht genau wissen, warum und wie es gemacht wird.

Wie erfolgt die Implementierung von Kanban?

Die Ziele des Unternehmens sind oft der Ausgangspunkt für die Implementierung von →Kanban. Zweck jeder Kanban-Einführung soll es sein, Prozesse und Arbeitsweisen zu verbessern. Wenn darüber Einigkeit herrscht, müssen Management, Team und Stakeholder weitere Ziele definieren. Sinnvoll ist es, mit dem dringendsten Problem zu beginnen und nicht gleich alle Wünsche mit auf die Agenda zu nehmen. Am Weg zur Umsetzung zeigen die sich später von selbst, und im Laufe der Zeit werden alle Beteiligten immer geübter darin, diese Probleme kurzfristig zu beseitigen. Ausgehend von den gemeinsam definierten Zielen wird so schrittweise das →Kanban-System aufgebaut.

Herrscht schließlich Konsens über den Willen zur Veränderung und sind die primären Ziele festgelegt, geht es mit den Techniken von Kanban an die Visualisierung des Arbeitsflusses. Damit ist das Kanban-System mit seinen Werkzeugen selbst ein „Motor" des „Change", des Wechsels. Nachdem die Prioritäten im Unternehmen gesetzt wurden, gilt wieder der evolutionäre Ansatz der Agilität: Die gesamte Wertschöpfungskette eines Unternehmens im ersten Schritt abbilden zu wollen, ist zu viel des Guten. Daher identifizieren zunächst ein oder mehrere Teams, an welcher Stelle der Wertschöpfungskette sie sich befinden. Was zählt zu ihren Aufgaben und was nicht, wo gehen sie in den Verantwortungsbereich von anderen über? Es lassen sich schließlich nur die Dinge verändern, auf die man direkten Einfluss hat. In Form eines →Kanban Boards macht man im zweiten Schritt Arbeit und Arbeitsweisen sichtbar. Hier sollten Anwender sich nicht auf rein schriftliche Prozessdefinitionen stützen, denn es ist der gelebte Arbeitsprozess, nicht der theoretisch erwünschte zu visualisieren. Dabei kommt das Team zum Zug, denn es weiß selbst am besten, wie es tatsächlich arbeitet. Danach stellt das Team fest, von wem es welche Informationen erhält und an wen es eigene Informationen weitergibt. Das macht dem Team bewusst, welche Arten von Arbeit es eigentlich erledigt. Im Anschluss verteilt man die Kapazitäten auf die einzelnen Arbeitstypen.

Auf dieser Basis lässt sich der Arbeitsfluss gezielt steuern, da hinter jedem Arbeitstyp ein bestimmter Bedarf und Grad an Dringlichkeit liegt. Bugs müssen zum Beispiel umgehend bearbeitet werden, Features brauchen eventuell hohe Liefertreue. Die Analyse des Inputs und der Arbeitstypen ermöglicht es auch, Stehzeiten einzuplanen, die für schnelle Reaktionen auf unvorhergesehene Ereignisse genutzt werden.

WiP-Limits beschränken die Zahl der parallelen Arbeiten pro Arbeitsschritt. Die einfache Idee dahinter: Es ist sinnvoller, eine Arbeit zu 100 Prozent abzuschließen, als zehn Arbeiten zu je nur zehn Prozent. Das Setzen von WiP-Limits am Kanban Board verdeutlicht, wo gerade Engpässe bestehen oder der Arbeitsfluss immer wieder ins Stocken kommt. Sie signalisieren visuell, wo gehandelt werden muss. Damit WiP-Limits funktionieren, ist wieder eins gefragt: Konsens zwischen Team, Management und Stakeholdern. Nur wenn sich alle einig sind, dass mit WiP-Limits gearbeitet wird, was diese Begrenzungen darstellen und signalisieren, lässt sich eine permanente Überschreitung der Grenzen verhindern.

Die →Stakeholder müssen die Funktionsweise nicht bis ins Detail verstehen, wohl aber, welchen Vorteil die Arbeit mit WiP-Limits hat. Hier kann es helfen, wenn ein Stakeholder selbst vor dem Kanban Board steht und sieht, wie sich zusätzliche Aufgaben auf die Durchlaufzeit im Team auswirken. Wie hoch man das WiP-Limit am Anfang ansetzt, ist zunächst eine Bauchentscheidung und sekundär. Wichtig ist die Einigung darauf, dass man in einem WiP-limitierten →Pull-System arbeitet, weil das der Motor der Veränderung ist. Beim Pull-System holt sich der Bearbeiter des nächsten Arbeitsschritts seine Arbeit dann vom Vorgänger, wenn dieser bereit dazu ist. Die „realistischeren" Anpassungen der WiP-Limits an die Kundenbedürfnisse geschehen dann im laufenden Betrieb. Ziel ist die Balance aus flüssiger operativer Arbeit sowie Zeit für Fehlererkennung und Problemlösung. Gerade für das Management ist dieser Gedankensprung oft schwierig: Freie Kapazitäten der Mitarbeiter sind nichts Schlechtes, sondern zeitliche Kapazitäten für Verbesserung. Manche Arbeiten sind wichtiger als andere. Aus diesem Grund ist die Einteilung von Serviceklassen der nächste wichtige Schritt. Die Einteilung in Serviceklassen bedeutet, Aufgaben differenziert zu behandeln und ihnen entsprechend Kapazitäten zuzuteilen. Serviceklassen betrachten die „Costs of delay", die reale ökonomische Auswirkung nicht oder zu spät getaner Arbeit auf den Geschäftserfolg. Und das nicht nur in Form von Geld, sondern auch von Reputation, Kundenzufriedenheit und vielem mehr.

Die Costs of delay sind eine Funktion der Auswirkungen des Zeitverlaufs. Wie die Serviceklassen zu benennen und zu definieren sind, sollte unternehmensspezifisch gelöst werden. Gängige Klassen wären etwa „beschleunigt", „fester Liefertermin", „Standard" und „unbestimmbare Kosten". Einfach vordefinierte Serviceklassen aus Büchern zu übernehmen, ist jedoch wenig sinnvoll, da Zeit-Impact-Zusammenhänge in jedem Business anders aussehen. Das Spannende bei der Einführung von Serviceklassen ist, dass sich alle der Auswirkungen bewusstwerden müssen und dadurch in Entwicklungsteams ein größeres „Geschäftsbewusstsein" entsteht. Stakeholder und Management sind im Idealfall Diskussionspartner bei der Definition der Serviceklassen. Sie sind näher am Markt und wissen genau, was sich nach außen auf welche Art und Weise auswirkt. Jede Serviceklasse ist mit Regeln und Kapazitäten zu hinterlegen. Dazu definiert man, wie viele Tickets aus welcher Serviceklasse maximal im Arbeitsfluss sein dürfen und was das Team tun muss, wenn sich ein Ticket einer bestimmten Serviceklasse in den Arbeitsfluss einklinkt. Viele Teams betrachten Regeln als Beiwerk, sie sind aber essenziell. Nur wenn Team, Management und Stakeholder Regeln penibel einhalten, können sie Fehler in der Regel erkennen. Eine der ersten Regeln ist: Sobald ein Problem auftritt, muss es gelöst werden. Die Regeln selbst sind davon nicht ausgenommen: Ist eine Richtlinie nicht mehr sinnvoll, wird sie geändert – alles andere stoppt den Verbesserungsprozess. Hat man etwas verändert, will man später auch wissen, ob sich die Änderungen bewährt haben. Dazu misst man, ob man sich den definierten Zielen genähert hat. Dabei werden nie einzelne Mitarbeiter bewertet, sondern immer das System. Denn wie schnell oder langsam jemand arbeiten kann, unterliegt zu einem Großteil dem Einfluss des Systems, in dem er sich bewegt. Es gibt unendlich viele mögliche Messungen. Welche man wählt, hängt von den Zielen ab. Wichtig ist dabei nicht die Genauigkeit auf die zigste Nachkommastelle.

Oft ist es besser diejenigen Dinge unscharf zu messen, die wirklich zu messen sind, als Dinge hochgenau zu analysieren, die einen nicht wirklich weiterbringen.

Dies führt zu den letzten Schritten der Implementierung. Mit allen Kanban-Werkzeugen in der Hand sind zu guter Letzt noch „Zu- und Abfluss" der Arbeit zu definieren, um den Kanban-Prozess in Gang zu setzen. Bei der Input-Koordination legt man fest, wie Arbeiten am Board landen. Die in der Praxis meist gesehene Klärungsplattform dafür ist „Queue Replenishment Meetings". Hier besprechen →Stakeholder und Team, welche Aufgaben als nächstes zu erledigen sind. In der Praxis stehen bei diesen Meetings mit der Zeit nicht mehr Einzelwünsche im Vordergrund, vielmehr rückt das Sinnvollste für das Gesamtunternehmen in den Mittelpunkt. Das Entwicklungsteam kann dabei technische Entscheidungshilfe leisten, das Management bringt den unternehmerischen Kontext ein.

Auch das Liefern verursacht Kosten. In der Output-Koordination ermittelt man daher – wieder ausgehend von ökonomischen Betrachtungen – den idealen Release-Rhythmus mit dem Ziel regelmäßiger Lieferungen. Das ökonomische Modell zeigt auf, an welchen Stellen systemische Änderungen passieren müssen, um diese Vorgabe zu erreichen. Im Daily Standup beschäftigt sich das Team täglich mit den Fragen seiner Arbeit. Wo sind die Engpässe und Probleme? Darauf aufbauend entschiedet man, wie weiter vorzugehen ist. Gerade am Anfang sind wöchentliche Team-Retrospektiven sinnvoll. Das Team lässt alle Ereignisse der Woche Revue passieren, um zu erkennen, wo Veränderungsbedarf besteht. Im Laufe der Zeit werden Retrospektiven obsolet, weil die Teammitglieder lernen, Probleme dann zu lösen, wenn sie entstehen. Arbeiten mehrere Teams zusammen, führen viele Unternehmen Operations Review ein. Darin klärt die Gruppe übergreifende Probleme und Zusammenhänge. Management und Stakeholder sind ausdrücklich willkommen, tragen sie doch dazu bei, einen Überblick über die Fortschritte zu bekommen und zu erkennen, wo sie mit ihren Mitteln helfen können.

Wie funktioniert Kanban?

Die vorherige Frage zu der Implementierung von Kanban mag viele Punkte bezüglich dieser Frage bereits geklärt haben, allerdings ist es wichtig einige weitere Punkte aufzunehmen und die bereits erwähnten Punkte noch ausführlicher zu betrachten. Generell geht es darum, dass sich durch drei Prinzipien ein Prozess der kontinuierlichen Verbesserung angestrebt wird. Hinzu kommt, dass die Arbeit visualisiert wird. Für die Visualisierung, die dem ganzen Team sichtbar wird, und die entstandene Transparenz werden Regeln aufgestellt.

Literaturtipp:
Eine vertiefende Antwort zu allen Fragen bezüglich Kanban findest Du im Buch „Kanban für Anfänger: Grundlegendes über den Einsatz von Kanban in der Industrie und der Softwareentwicklung | Wie Kanban in der Praxis funktioniert" von Franz Millweber. Das Buch gibt einen guten und praxisorientierten Überblick über das Kanban Framework.

Was sind die drei Prinzipien von Kanban?

Kanban baut auf drei Prinzipien auf. Das erste Prinzip in Kanban lautet „start where you are" oder „starte, wo du bist". Das zweite Prinzip lautet „verfolge inkrementelle, evolutionäre Veränderung" und das dritte Prinzip lautet „fördere Leadership auf allen Ebenen der Organisation".
In Kanban muss nicht die gesamte Organisation umgestellt werden. Es müssen keine Rollen oder Abteilung verändert und neu zusammengestellt werden. Kanban berücksichtigt hier die entstandenen Abläufe den Unternehmen. Diese haben sich aus gutem Grund entwickelt. Unternehmen beginnen bei der Einführung von Kanban mit dem Visualisieren der bestehenden Prozesse, dem Ergänzen der WiP-Limits und der Einführung der Feedback-Loops. Hiermit können Unternehmen schon ihre bestehenden Prozesse hinterfragen

und gegebenenfalls verändern und verbessern. Es geht eben nicht darum vom Zustand 1 in einen Zustand 2 zu wechseln. Es geht darum, sich kontinuierlich stetig weiter zu verbessern. Es gibt also keinen perfekten Zielzustand, den ein Unternehmen erreichen will. Es geht immer Schritt für Schritt voran.

Das bedeutet ebenfalls, dass das aktuell veränderte in Zukunft zu einem Problem werden kann, was wieder verändert wird. Der letzte Punkt, fördere Leadership auf allen Ebenen der Organisation, hat das große Ganze im Blick. Im Falle das ein Unternehmen Kanban eingeführt hat und das Team Fortschritte macht, wie beispielsweise das die Durchlaufzeit sinkt, der Durchsatz des Teams erhöht ist und zusätzlich hat sich auch die Qualität der Produkte verbessert. Es könnte aber auch passieren, dass das Team an den Punkt gelangt, wo es merkt, dass es Probleme außerhalb des Teams gibt. Hier hilft die lokale Verbesserung des Teams nicht, um Fortschritte und kontinuierliche Verbesserung zu erzielen. Aus diesem Grund müssen dann die den Gedanken der kontinuierlichen Verbesserung unternehmensweit gedacht werden, vom einfachen Mitarbeiter bis zum Geschäftsführer über alle Abteilungen und Manager, damit sich das Unternehmen als gesamte Organisation weiterentwickelt. In Kanban gibt es also keine Einzelkämpfer. Kanban gibt es sozusagen nur im Ganzen. In einem Fußballspiel gibt es ein ganzes Team was zusammenarbeiten muss. Wenn sich hier nur ein Spieler stetig verbessert und das Unternehmen ihn als ein Team ansieht, wird sich zwar dieses stetig verbessern, aber das hilft dem ganzen Fußballteam nichts, weil es ja noch zehn weitere Spieler gibt. Kontinuierliche Verbesserung sollte als Mindset, also in der ganzen Organisation eingeführt werden und nicht nur lokal.

Dabei geht es in Kanban um die Menschen und nicht die Organisation. Es geht darum die Arbeitskultur zu verbessern, besser zu kommuniziert, kritisch zu denken. Dazu benötigt das Unternehmen Menschen, die den Mut aufbringen, den „Finger in die Wunde" zu legen, die also Begeisterung für ihre Arbeit zeigen. Um es mit Worten von Klaus Leopold zu sagen: „Es sind die Menschen, die eine nachhaltige Verbesserungsarbeit vorantreiben – und sie tun dies ganz wesentlich durch Emotionen: Freude, Mut, Begeisterung, aber ebenso Ärger, Enttäuschung oder Trauer. Wir empfehlen dringend, diese Emotionen zu respektieren und zu nützen – schließlich dürfen sie als Motor von Veränderung betrachtet werden."

Linktipp:
Wie auch bei Scrum gibt es für Kanban einen Kanban Guide der Scrum.org, der alle Regeln und Prinzipien übersichtlich erläutert. Dieser steht kostenlos auf der Internetseite zu Verfügung, wie auch über folgenden Link:
https://scrumorg-website-prod.s3.amazonaws.com/drupal/2019-10 /2019-09-Kanban-Guide-for-Scrum-Teams-German_0.pdf?nexus-f ile=https%3A%2F%2Fscrumorg-website-prod.s3.amazonaws.com% 2Fdrupal%2F2019-10%2F2019-09-Kanban-Guide-for-Scrum-Teams -German_0.pdf

Wie wird die Arbeit nach Kanban in der Praxis visualisiert?

Die Antwort lautet: durch ein Board. Im ersten Schritt erstellt ein Mitarbeiter ein Kanban Board, um die Arbeit und die Arbeitsschritte sichtbar zu machen. Warum ist das wichtig? Oft werden in Teams nur Annahmen darüber getroffen, wer woran arbeitet. Das heißt, es wird oft folgendes gedacht: „Mein Kollege arbeitet an dieser Aufgabe und der andere macht dies." Genauso werden oft Annahmen darüber gemacht, wann eine Arbeit fertig ist und welche Standards diese erfüllen soll. Am Ende stellt sich heraus, dass der Kollege gar nicht ganz genau das gemacht hat, was erwartet war. Wenn Teams jedoch diese Erwartungen und den Prozess allerdings sichtbar für alle machen, wird vieles direkt klarer und man kann besser zusammenarbeiten. In Kanban wird dies oft mit *making policies explicit* bezeichnet. An dieser Stelle ist es wichtig für den Prozess Regeln festzulegen. Dabei sind diese Regeln hier eher als Leitfaden zu verstehen. Diese Regeln sollen dazu führen, dass die Mitarbeiter wissen, wie sie arbeiten beziehungsweise an was und welche Anforderungen bestehen. Sollte aber eine Regel keinen Sinn mehr ergeben, gilt es diese anzupassen.

Backlog	To do	In Progress	To be approved	Done

Wie wird die Arbeit nach Kanban in der Praxis visualisiert?
Quelle: SCRUM - Das Erfolgsphänomen einfach erklärt, UVK Verlag, S. 135

Dies ist ein einfaches Kanban Board, wie es beispielsweise bei einigen Teams aussehen könnte. Im ersten Schritt werden die verschiedenen Schritte des Arbeitsprozesses erfasst. In diesem Fall sind dies von links nach rechts Todo, Analyze, Development, Test und Done. Das ist also das erste Prinzip von Kanban. Dabei ist es wichtig, dass das Board immer sichtbar ist. So kann sich jeder die Frage stellen, ob tatsächlich alles auf dem Board sichtbar ist oder nicht, oder ob der Prozess tatsächlich so ist wie abgebildet. Dabei gibt es keine Beschränkung, wie das Board auszusehen hat. Es muss lediglich den Prozess abbilden.

Wie wird das Kanban Board sichtbar gemacht und was hat dies mit WiP Limits zu tun?

Grundlegend gibt es zwei Mittel, das Board sichtbar zu machen. Entweder physisch oder digital. Vorteile von einem physischen Board sind, dass es sehr groß sein kann und somit viel darauf abzubilden sein kann. Es kann also zum Beispiel in dem Flur oder an der Wand hängen, zusätzlich zu der Option eines Whiteboards. Außerdem ist es ein Ort, an dem man sich treffen kann, um sich auszutauschen. Es ist einfacher aufzubauen und sehr flexibel und somit auch einfacher veränderbar. Die Vorteile eines digitalen Kanban Boards sind, dass es von überall einsehbar ist. Das bedeutet, dass es also einfacher ist, wenn sich das Team nicht an demselben Ort befindet. Ein weiterer Vorteil ist, dass keine Daten verloren gehen können. Außerdem stehen viele Programme wie beispielsweise Trello oder Jira den Unternehmen heutzutage zur Verfügung. Dies gibt auch die Möglichkeit weitere Infos und Diskussionen zu sammeln, sei es im gleichen Programm oder auch in Kombination mit beispielsweise Confluence. Welche Möglichkeit Unternehmen nutzen, liegt ganz bei den Entscheidungsträgern und den Teams. Wichtig ist nur, dass es sichtbar ist. Es ist auch möglich, dass Teams sowohl ein physisches Board also auch ein digitales Board benutzen.

Wie wird das Kanban Board sichtbar gemacht und was hat dies mit WiP Limits zu tun?
Quelle: Design Thinking - Innovationen erfolgreich umsetzen, UVK Verlag, S. 135

Vielen Teams passiert es am Anfang, dass die Teammitglieder die Boards füllen und viele Aufgaben hinzufügen. Zusätzlich zu den täglichen Meetings und Konversationen werden trotzdem weiter Aufgaben in das Board aufgenommen, obwohl dieses möglicherweise schon überlastet ist. An dieser Stelle tritt das Problem auf für das Kanban die folgende Aussage als Lösung verwendet: „stop starting, start finishing". Das macht auch aus wirtschaftlicher Sicht Sinn, also zuerst eine Aufgabe fertigzustellen bevor man die nächste anfängt. Die Lösung für die

Überlastung und das Starten zu vieler Aufgaben, ohne diese fertigzustellen lautet Work-in-progess-Limits, die WiP-Limits. Die Arbeit wird in einem Kanbansystem also bewusst begrenzt.

Warum werden WiP-Limits eingeführt?

Der Hauptgrund für die Einführung von WiP-Limits ist das Task Switching, also das Arbeiten an zu vielen unterschiedlichen Aufgaben, vermieden wird. Durch WiP-Limits werden die oben genannten Probleme begrenzt beziehungsweise können unter Kontrolle gebracht werden. Ein weiterer Grund sind die kürzeren Durchlaufzeiten. Je mehr Aufgaben ein Mitarbeiter zu einem Zeitpunkt gleichzeitig erledigen soll, desto weniger werden wird er es schaffen. Meist wird es länger dauern und die Qualität wird dabei wahrscheinlich sinken. Beide Dinge, die in einer schnelllebigen Welt und man Qualität und einen niedrigen Preis als Kunde erwartet, sind große Nachteile für das eigene Unternehmen. Je weniger die Mitarbeiter gleichzeitig machen und je weniger sie parallel denken müssen, desto höher ist ihre Konzentration und desto früher ist die Arbeit auch fertig. Dies führt meist auch zu höherer Qualität.

Ein weiterer Vorteil ist, dass die WiP-Limits Probleme sichtbar machen. Da Kanban ein →Pull-System ist und sich jeder Mitarbeiter die Arbeit zieht, wenn er dafür freie Kapazitäten hat, wird schnell sichtbar, wo sich die Arbeit staut. Man sieht in welchen Prozessschritten die Arbeit blockiert ist. Ist eine Arbeit blockiert und zum Beispiel mit einem Sticker rot markiert, um dies sichtbar zu machen, dann sollte diese Blockade umgehend beseitigt werden.

Welche Meetings gibt es in Kanban?

Auch beim Thema „Welche Meetings sollten wir abhalten, wenn wir Kanban nutzen?" gibt Kanban viele Freiheiten vor. Die Entscheidung liegt exklusiv bei den Teams. Sie können nicht nur darüber entscheiden welche, sondern auch wie die Meetings gestaltet werden. Sie sind also maximal flexibel. Aber welche Meetings werden in Kanban verwendet und wie können diese helfen den Wertschöpfungsprozess zu verbessern?

Folgende Meetings werden in Kanban vorgeschlagen und haben sich in der Praxis als nützlich erwiesen:

- » Daily-Meeting
- » Queue Replenishment Meeting
- » Release-Planning Meeting
- » Operations Reviews
- » Retrospektiven

Um den Betrieb zu gewähren, zuverlässig zu liefern und Verschwendung zu vermindern, ist es sinnvoll die Meetings immer am selben Ort und zur selben Zeit stattfinden zu lassen. Diese Meetings haben viele Ähnlichkeiten zu den Events bei Scrum. Aus diesem Grund werden Sie in der Praxis auch oft mit den Scrum Events verbunden.

Was passiert im Daily-Meeting?

Das tägliche Meeting in Kanban ist darauf ausgelegt die Aufgaben zu organisieren und entdeckte Probleme und Blockaden zu lösen. Hierbei trifft sich das Team immer am selben Ort – am besten vor dem Kanban Board – und bespricht die Aufgaben.

Sinnvoll ist es hier sich verstärkt auf die Aufgaben zu konzentrieren, die kurz vor der Fertigstellung sind und dann veröffentlicht werden. Streng nach dem Motto „stop starting, start finishing". Die Themen sind aber auch hier nicht festgelegt, es muss also nicht zwangsläufig über etwas geredet werden. Sinnvoll ist es aber über blockierte Tickets zu reden, um diese schnellstmöglich zu lesen und in die Arbeit einfließen zu lassen. Dabei fokussiert sich das Meeting auf die Arbeit. Gegenseitige Schuldzuweisungen haben kein Platz im Daily-Standup. Dies gilt auch für alle anderen Meetings. Sinnvoll ist es ebenfalls dem Meeting einen zeitlichen Rahmen zu geben. Dieser ist vom Team freiwählbar und sollte dabei nicht zu lange, aber auch nicht zu kurz sein. Ziel ist es hier, dass das Meeting effektiv und effizient ist. Kommt es vor, dass noch weitere inhaltliche Diskussionen zu klären sind, wird dies auf ein Meeting nach dem Daily-Standup verlagert, damit alle anderen

Teammitglieder weiterarbeiten können. Das Meeting ist primär für die Organisation des Teams gedacht, aber es können auch →Stakeholder teilnehmen oder das Team kann andere Teilnehmer einladen.

Was versteht man unter einem Queue Replenishment Meeting?

Dieses Meeting ist in Kanban dazu da, neue Arbeiten und Aufgaben in das System hinzuzufügen. Es sollten allen Mitarbeitern daran teilnehmen, die Aufgaben an das Team verteilen, die vom Team fertiggestellte Aufgaben erhalten und die einen Beitrag leisten können zur Entscheidung welche Aufgaben das Team bearbeiten soll.

Im Queue Replenishment Meeting nimmt also nicht nur das Team teil. Es ist jedoch auch in der Praxis verbreitet, dass lediglich ein Teamvertreter, die verschiedenen internen und die externen Stakeholder oder bei Bedarf auch Vertreter des Managements daran teilnehmen. Dies zeigt, wie unterschiedlich dieses Meeting von Unternehmen zu Unternehmen gelebt wird. Da die Input Queue durch das WiP-Limit begrenzt ist, müssen hier also auch wirtschaftliche Folgen in die Entscheidungsfindung mit einfließen, wenn es um die Fragen geht, welche Aufgaben als nächstes bearbeitet werden. Das Ziel des Meetings ist es, eine klare Reihenfolge zu finden, welche Aufgaben in dem nächsten Intervall bearbeitet werden sollen.

Die verschiedenen Teilnehmer müssen sich hier demokratisch verhalten, um eine Aufgabenverteilung zu erreichen, die dem Wohl des Unternehmens dient. Es wird also versucht zu vermeiden, dass die Aufgaben bearbeitet werden von dem, der sich am meisten in die Diskussion einbringt, oder vom Rang höchstens Teilnehmer des Meetings. Es soll zu einer Abwicklung der Aufgaben kommen, die den Wertschöpfungsprozess zu maximiert. Ziel ist es also hier das Team zu entlasten, damit es nicht mit Aufgaben überschüttet wird. Das Meeting und das WiP-Limit der Queue sollen das Team entlasten und dafür sorgen, dass sich das Team auf seine Arbeit konzentrieren kann und nicht immer wieder mit neuen Arbeiten eingedeckt wird. Denn wenn das passiert, ist die Wahrscheinlichkeit groß, dass sie die derzeitige Arbeit nicht beenden können. Wie oft ein Team dieses Meeting abhält, entscheidet das Team. Hier gilt dennoch die agile Vorgehensweise, dass dieses Intervall auch immer überprüft werden sollte.

Was ist ein Release-Planning Meeting?

Das Release-Planning Meeting findet nicht zu einem vordefinierten Termin statt. Es richtet sich danach, wann ein Release stattfinden soll. Eine Richtschnur sollte aber dennoch gegeben sein, um die Koordinationskosten möglichst niedrig zu halten. Im Sinne von Continous Delivery und Continous Development können diese Meetings mehrmals täglich stattfinden, aber auch nur wöchentlich oder sogar monatlich. Dies muss auch vom Kontext des Business abhängig gemacht werden. Ist es zum Beispiel möglich Releases per Knopfdruck stark automatisiert durchzuführen, dann wird es einen Einfluss auf die Meeting-Struktur haben, oder auch wenn der Release schwieriger ist und ein erhöhter Release Turnus viele Kosten mit sich bringt und somit die Koordination erhöht. Hier müssen letztendlich das Team und das Management entscheiden, was richtig ist.

Am ReleasePlanning Meeting nehmen alle teil, die für den Release nötig sind oder sich für den anstehenden Release interessieren. In der Praxis könnten dies beispielsweise folgende Personen sein: Konfigurationsmanager, Netzwerk und Betriebsexperten, Entwickler, Tester, BusinessAnalysten, Direkte Vorgesetzte oder auch das Management.

Was ist das Operations Review?

Beim Operations Review treffen sich alle Kanban-Teams, um sich auszutauschen und um zusammen voneinander zu lernen und somit die Organisationen voran zu bringen. Es ist auch möglich, dass die Stakeholder und das Management an der Review teilnehmen, um zusammen und voneinander zu lernen. Operations Reviews finden meist monatlich statt und dauern in der Regel ungefähr zwei Stunden. Die Teams stellen hier ihre Messung vor, mit denen sie den Arbeitsfluss überwachen. Das Meeting hat so also einen stark datengetriebenen Charakter.

Was ist eine Retrospektive in Kanban?

Das Ziel der Retrospektive ist es, Feedback einzuholen, um den Arbeitsprozess organisatorisch und strukturell zu verbessern. Es geht also nicht um Feedback bezogen auf die erzielte Arbeit, sondern um die Arbeitsweise, wie sie war und was verbessert werden kann.

Im Kern geht es darum, dass Verbesserungspotenziale identifiziert werden. Die folgenden Ziele des Events bestimmen seine Agenda: Die Überprüfung, wie das letzte Intervall gelaufen ist. Die Identifikation und Strukturierung der Themen, die gut gelaufen sind, und potenzieller Verbesserungsfelder. Die Erstellung eines Plans, wie die Verbesserungsfelder umgesetzt werden können, sodass das Team seine Arbeit am besten erledigen kann. Für diese Punkte werden im Rahmen der Retrospektive verschiedene Methoden genutzt, um Feedback einzuholen. Die einfachste Art und Weise ist es, eine Metaplanwand in drei Felder zu teilen: Liked, Learned, Lacked.

Jedes Mitglied des Teams schreibt auf eine Metaplankarte, was ihm zu diesen drei Punkten einfällt, und pinnt es an die Wand. Da →Kanban in der Praxis meist in Verbindung mit Scrum implementiert wird, ist es der →Scrum Master der die Retrospektive moderiert und sich anschaut, was das Team an die Wand gepinnt hat. Er sorgt dafür, dass das Team dann die Verbesserungspotenziale und einen Plan, wie diese umgesetzt werden können, erarbeitet. Für die Verbesserungsmaßnahmen ist im Ergebnis immer das Team zuständig. Auch die erarbeiteten Verbesserungsmaßnahmen sollten priorisiert werden, sodass ganz klar ist, welche dieser Maßnahmen zuerst und von wem umgesetzt werden sollten. Das Ergebnis der Retrospektive sind identifizierte Verbesserungsmaßnahmen, die im kommenden Intervall umgesetzt werden. Wenn diese Verbesserungsmaßnahmen umgesetzt werden, setzt das Team die Anpassung um, die durch seine eigene Überprüfung erfolgt ist.

Da es in Kanban um kontinuierliche Verbesserung geht, ist es aber zu jederzeit möglich und erforderlich bestehende Probleme zu kommunizieren und zu lösen. Auch hier ist es möglich, das Verbesserungspotenzial zu visualisieren also ein Verbesserungs-Board einzuführen, um die Verbesserungspotenziale transparent und sichtbar zu machen.

Welche Ausbildungswege und Zertifizierungen gibt es?

Anders wie bei Scrum gibt es bei →Kanban keine Organisation oder Institution, die als die meist bekannte Zertifizierungsstelle bekannt ist. Dementsprechend gibt es viele Anbieter auf dem Markt.

Gleiches gilt für die Ausbildungswege. Es gibt Anbieter mit ein oder zwei Tages Trainings oder auch Online Kursen. Da es für Kanban nicht *den* Anbieter gibt, werden an diesem Punkt keine Unternehmen aufgeführt, denn jeder Ausbildungsweg und jedes Training hat eventuell unterschiedliche Schwerpunkte, die nicht Teil dieses Buches sind.

Für welche Projekte ist Kanban geeignet?

Die Anwendung von Kanban ist insbesondere dann interessant und sinnvoll, wenn Anforderungen systematisch umgesetzt und in Workflows überführt werden sollen, die nicht Bestandteile eines gut planbaren, größeren Projekts sind. Das trifft häufig auf IT-, Service- und Wartungsaufgaben zu, die sich selten in Sprints zusammenfassen lassen, da die Teams gar nicht wissen, welche Aufgaben auf sie zukommen, oder die wegen ihrer Priorität im Rahmen von Scrum zu Problemen führen.

Ein Beispiel wäre Folgendes: Eine Person mit einem Wartungsvertrag möchte eine Modifikation auf seiner Website vornehmen und eine Telefonnummer auf der Kontaktseite ändern. Das →Scrum-Team würde nun beispielsweise antworten: „Der aktuelle Zwei-Wochen-Sprint läuft bereits und kann nicht mehr angepasst werden. Wir können die Anforderung für den darauffolgenden Sprint einplanen. Am Ende dieses Sprints ist die Aufgabe dann umgesetzt: In knapp vier Wochen ist die Telefonnummer auf Ihrer Website also geändert.". Das ist in einem Kundenverhältnis nicht praktikabel. Als Faustregel kann gelten: Das Vorgehen nach Scrum ist für große Entwicklungsprojekte eine ausgezeichnete Wahl, für Support- und Beratungsarbeiten und kleinere Aufgaben, deren Umfang schlecht planbar ist, bietet sich Kanban an.

OKR

 Dieses Kapitel vertieft die Funktionsweise von OKR.

Was ist OKR?

OKR ist ein Akronym, das für Objectives and Key Results steht. Es ist ein flexibles Rahmenwerk für Teams und Organisationen, um gemeinsam an der Umsetzung von Zielen zu arbeiten. Mit →OKR gelingt es Unternehmen sich selbst strategisch zu entwickeln, die Brücke zwischen langfristigen Zielen und operativem *doing* zu schlagen und beteiligte Mitarbeiter selbstverpflichtend einzubinden. OKR ist demnach ein Format, um Ziele zu formulieren und zu kommunizieren. Außerdem ist es ein Zielsystem, das lang- und kurzfristige Ziele sowie Zielsetzungen unterschiedlicher Teams synchronisiert.

OKR ist also ein agiler Prozess geprägt von Kontinuität und einer hohen Einbindung der Mitarbeiter. Das Zusammenspiel dieser zentralen Aspekte macht die OKR Methode zu einem wirkungsvollen Führungswerkzeug und Organisationsmodell, das auch unabhängig von bestehenden Strukturen funktioniert, weswegen es auch in vielen unterschiedlichen Unternehmen, wie beispielsweise Amazon, Ebay, MyMuesli, erfolgreich genutzt wurde.

Bei der Grundidee des OKR-Modells geht es darum, dass jedem Ziel, dem Objektiv, messbare Schlüsselergebnisse, den Key Results, zugeordnet werden sollen. In regelmäßigen Abständen werden die Erfolge gemessen und neue OKR definiert. So wird eine vage, schwer zu greifender Vision entwickelt. Die Managementmethode OKR bietet viele und vielfältige Vorteile. Zum einen wird bei der Methode eine Klarheit über die wichtigsten Aufgaben im Unternehmen gewonnen zum anderen wird der richtige Fokus für die nächsten drei Monate gefunden und dementsprechend auch gesetzt. Auf diese Weise findet eine richtige Verwendung der knappen Ressourcen statt. Weiterhin wird eine Transparenz für die Mitarbeiter geschaffen, sodass an den richtigen Dingen gearbeitet werden kann. Auch die Einführung einer besseren Kommunikation sowie der Indikatoren, in den meisten Fällen KPIs, die für eine Messung des Erfolges sorgen, sind die Vorteile von OKR. Durch die genannten Vorteile können eine Vision, Mission und Strategie durch eine kurzfristige, operative Planung angeschlossen werden.

Videotipp:
Das Video „OKR – Führen mit Objectives and Key Results (OKRs) –
so funktioniert das Google Leadership System" auf dem YouTube
Kanal von Murakamy ist sehr hilfreich für den Einstieg in das
Thema OKR. In diesem Kanal stehen auch weitere hilfreiche ▶
Videos rund um das Thema OKR zu Verfügung. Mehr findest Du
unter:
www.youtube.com/watch?v=y-aIyqMZfnE

Woher kommt OKR?

Der Ursprung von OKR basiert auf den Ideen des sogenannten
„MbO-Ansatzes", also dem Management-by-Objectives-Ansatz. Dieser
geht zurück auf Peter Drucker, welcher die Managementmethode auf
dem Gerüst eines „Führens durch Ziele" entwickelte. Kerngedanke des
Ansatzes ist es, die strategischen Ziele eines Unternehmens auf eine
Art und Weise umzusetzen, sodass jeder Mitarbeiter seine Ziele kennt
und täglich daran arbeitet.

Angelehnt an die Arbeitsteilung des Taylorismus war der Grundgedanke, dass sich Unternehmensziele aus der Summe mehrerer Einzelziele zusammensetzen. Hierbei werden die Ziele in Form von Zielver-
einbarungsgesprächen festgelegt und „top-down" kaskadiert. Darauf
aufbauend entwickelte Andy Grove, ehemaliger CEO von Intel, in den
1970er Jahren die OKR-Methode. Unter dem Leitgedanken weltweiter
Marktführer zu werden war die Grundidee den bestehenden MbO-Ansatz zu modernisieren und mit der SMART-Methode, einer gängigen
Methode des Projektmanagements, in Einklang zu bringen. Ziel war
es einen strukturierten Zielvereinbarungsprozess zu implementieren,
wodurch alle Aktivitäten an den Unternehmenszielen ausgerichtet
werden sollen. Es ist berechtigt zu hinterfragen, warum die OKR-Methode vor allem in den letzten Jahren derart an Bedeutung gewonnen
hat, auch wenn der Ursprung schon viele Jahre zurück liegt.

Ein Grund dafür ist sicherlich die Verbreitung agiler Prinzipien
und Methoden. Hier hat sich OKR als eine der passendsten Konzepte
erwiesen, was sich durch den weltweiten Erfolg praktizierender Global

Player unterschiedlichster Branchen wie Google, Apple oder Ebay widerspiegelt.

Aber auch deutsche Unternehmen wie Zalando oder MyMuesli nutzen diese Methode seit mehreren Jahren erfolgreich. Unumstritten müssen Unternehmen unter den heutigen Gegebenheiten am Markt ihre Prozesse und Strukturen anders anlegen als bisher. Viele Management Teams nehmen eine zunehmende Komplexität sowie Steigerung der Dynamik auf den Märkten wahr. Flexibilität, Wissen, Digitalisierung und Reaktionsfähigkeit gelten als Erfolgsfaktoren und Alleinstellungsmerkmale. Vorgehensweisen im Sinne des Taylorismus wie eine starre Betriebssteuerung sind heute oftmals nicht mehr von Erfolg gekrönt.

Warum ist OKR in Unternehmen erfolgreich?

Grund für den Erfolg von OKR ist, dass die Mitarbeiter bei der Zielsetzung von dem Unternehmen mit einbezogen werden und sich somit besser mit den Zielen identifizieren können. Dies hat ebenfalls zur Folge, dass Mitarbeiter die Verantwortung übernehmen und sich die Führungsetagen ebenfalls mehr auf deren Ziele fokussieren kann. Dieser Führungsstil wird in der Praxis oft als „führen ohne führen" oder „führen durch KPIs" genannt.

Da die Key Results von OKR quantitativ sind, überschneiden sie sich oft mit KPIs, weswegen es für Manager einfacher ist zu verstehen, ob jemand oder ein Team seine Ziele erreicht oder nicht. Zusätzlich dazu gilt es nicht zu vergessen, dass die Unternehmenswelt im vergangenen Jahrhundert signifikante Umbrüche verzeichnet hat und man mit einer hohen Wahrscheinlichkeit davon ausgehen kann, dass diese Dynamik auch die Zukunft prägen wird. Wissenschaftliche Untersuchungen zeigen eine höhere Profitabilität, einen größeren Marktanteil sowie ein erheblich gesteigertes Wachstum, wenn Mitarbeiter eines Unternehmens dessen Strategie verstehen, ihr Glauben schenken und in der Lage sind diese umzusetzen. Oftmals streckt sich der Strategieplanungsprozess über mehrere Monate bis hin in das darauffolgende Geschäftsjahr – es kommt zu Beeinträchtigungen in beiden Phasen. Es gilt zu hinterfragen, ob der Versuch einer möglichst präzisen Zukunftsvorhersage sowie das Investieren von viel Zeit für die Strategieplanung in einem derart schnelllebigen und ungewissem Marktumfeld von Erfolg gekrönt ist. Genau hier differenzieren sich herausragende Unternehmen von jenen die es nicht sind: Sie planen kurzzyklisch und legen ihren Fokus auf die Entwicklung hin zu einer flexiblen und lernenden Organisation, welche in der Lage ist mit Ungewissheit umzugehen. Hier setzt die OKR-Methode als eine gelungene Managementinnovation an und zeigt, wieso die agile Herangehensweise nun öfter implementiert wird.

Wie funktioniert OKR?

Der OKR-Prozess nimmt seinen Anfang zunächst auf höchster Ebene, wo die unternehmensweiten Ziele definiert werden, an denen sich dann die anderen Abteilungen und Ebenen bei der Formulierung ihrer eigenen Ziele orientieren. Die Geschäftsführung gibt also anhand ambitionierter Ziele in Verbindung mit messbaren Ergebnissen die wesentliche strategische Ausrichtung des Unternehmens vor und lässt diese sich dann auf die unterschiedlichen Ebenen kaskadieren. In diesem Zuge werden also die „OKR Sets" entwickelt.

Die Objectives widmen sich in diesem Kontext der Frage „Wo wollen wir hin?", wohingegen die Key-Results mit den Fragen „Was müssen wir tun, um dort hinzukommen?" oder auch „Wie können wir dies messen?" in Verbindung gebracht werden können. Objectives können demnach als übergeordnete Ziele eines Quartals und Key-Results als Erfolgstreiber dieser Ziele verstanden werden.

Hierbei ist den Objectives jedoch keineswegs die Funktion von Überschriften zuzuschreiben, sondern sie dienen vielmehr als ein eindeutig definierter qualitativer zukünftiger Zustand, den es zu erreichen gilt. In der Praxis begegnet man häufig sogenannten „OKR Sets", welche bis zu fünf Objectives beinhalten können. Ein Ziel kann wiederum an bis zu vier Meilensteinen (Key-Results) geknüpft werden. Selbstverständlich bedarf dieses Konzept einer individuellen Anpassung, wodurch es auch zu einer geringeren Anzahl beider Elemente kommen kann, um den Unternehmensfokus auf die wichtigsten Thematiken auszurichten.

Nun entsteht oft die Frage: Wie wird OKR auf die verschiedenen Unternehmensebenen oder Teams heruntergebrochen? Wie bereits in einer vorherigen Antwort angesprochen, folgt der Mbo-Ansatz einer Eins-zu-eins-Kaskadierung der Ziele bis auf die unterste Unternehmensebene, was oftmals zu einem äußerst starren und bürokratischen Zielsetzungsprozess führt. Die Festsetzung der Gesamtheit aller Unternehmensziele als eine schlichte Summe aller Einzelziele hat zur Folge, dass alle Beteiligten „eine Scheibe abbekommen", unabhängig davon, ob sie das Ziel beeinflussen können oder nicht.

OKR hingegen sollen den Aufgabenfeldern der Unternehmenssteuerung und Zielverfolgung mit Flexibilität und Agilität begegnen. OKR ermöglicht dies durch deren hohe Transparenz. Die wichtigsten OKR sind bekannt und diejenigen aller anderen wiederum einsehbar, wodurch Teams auffallen, wenn sie stark von der Ausrichtung abweichen. Ziele sollen demnach nicht einfach „top-down" vorgegeben werden, denn die jeweils nächst darunterliegenden Ebenen sollen in den Prozess aktiv mit eingebunden werden. OKR arbeiten demnach nicht nach einer Zielkaskadierung, sondern vielmehr nach einer Zieltransformation, weil sich die Ziele einzelner Teams inhaltlich angepasst an die jeweilige Hierarchieebene abändern. Besonderer Aufmerksamkeit gilt an dieser Stelle der Frage „Wie können wir das Ziel erreichen?". Nach diesem Prinzip werden also die „OKR Sets" in einem Unternehmen entwickelt.

Lesetipp:
Der Blog von Murakamy, der online zu finden ist, gibt gute Einblicke in jede Art von Fragen bezüglich OKR. Dort kannst Du nicht nur nachlesen, wie OKR funktioniert, sondern auch mehr über die Implementierung und Anwendung von OKR. Mehr findest Du unter:
https://murakamy.com/blog/fuehren-mit-zielen-das-okr-modell-von-google-objectives-and-key-results

Wie sieht ein OKR ausformuliert aus?

Im Folgenden ist ein Beispiel für ein OKR dargestellt. Dieses OKR könnte ein Beispiel für ein OKR der Unternehmensebene, also die höchste Ebene sein. Im Anschluss könnten also verschiedene Abteilung sich fragen, wie sie der Erreichung des genannten Beispiels zu beitragen können. So könnte die Marketing Abteilung beispielsweise Werbung schalten und die entstanden KPIs als Key Results nutzen von denen die Mitarbeiter ihre individuellen OKR setzen können. Hier aber ein konkretes Beispiel für ein OKR eines Anbieters für Elektrofahrräder, der seine Mobilitätslösung in weiteren Großstädten etablieren möchte. Dabei soll Kunden das Überbrücken der Distanz zwischen Schnittstellen des öffentlichen Nahverkehrs und deren finalen Zielen möglichst unkompliziert und bequem gestaltet werden.

Das Objective lautet: Unsere Kunden können an allen Frankfurter U-Bahn-Stationen, Bushaltestellen sowie am Hauptbahnhof jederzeit ein Fahrrad nutzen.

» Key Result 1: Anzahl der einsatzbereiten Fahrräder auf durchschnittlich 1.400 steigern.
» Key Result 2: Reichweite der Fahrräder um 11 km pro Akkuladung steigern.
» Key Result 3: Wartungszeit der Fahrräder von 90 auf 50 Minuten reduzieren.
» Key Result 4: Vorhersagewahrscheinlichkeit der Bewegungsprofile um 20 Prozentpunkte optimieren.

Welche Eigenschaften sollte ein OKR haben?

Gute OKR zu schreiben, ist nicht einfach. Denn gut sieht für jeden Mitarbeiter anders aus. Dementsprechend kann man Diskussionen über die Verbesserung von den OKR ins Unendliche ziehen und ganze Kapitel damit füllen. Um diesen Vorgang kurz und prägnant zu machen, helfen die allgemeinen Eigenschaften, die ein OKR haben sollte.

OKRs AUFBAUEN

1. OBJECTIVE

» Welche Themen sind für das Unternehmen in der nächsten Zeit relevant? «

Visionär,
richtungsweisend

2. KEY RESULT

Ambitioniert

Messbar

Für jeden transparent

Bewertbar

Welche Eigenschaften sollte ein OKR haben?

Ein Objective sollte folgende Eigenschaften haben:

» qualitativ
» ambitioniert, inspirierend & motivierend
» unbequem & zeitlich gebunden
» verbindlich & erstrebenswert

Die Key Results sollten folgende Eigenschaften haben:

» quantitativ
» messbar & signalisierend
» erfolgstreibend
» mehrdimensional

Welche Events gibt es in OKR?

In der Praxis existieren vier OKR Events:

» das OKR Planning,
» das Weekly OKR,
» das OKR Review und
» die OKR Retrospektive.

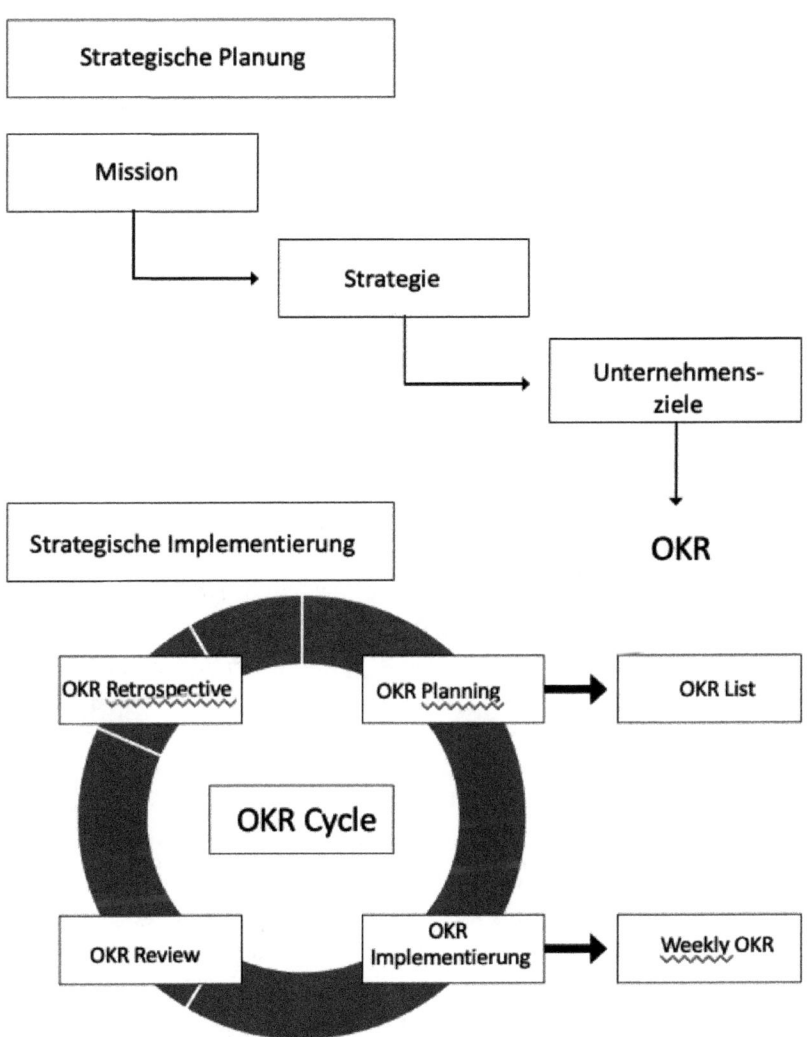

Welche Events gibt es in OKR?
Quelle: *ISBN OKR BUCH NEU*

Diese fest definierten Events dienen dem Aufbau einer gewissen Routine sowie der Reduzierung weiterer Events und Meetings, wodurch der Fokus auf ein zielgerichtetes Arbeiten erhöht wird. Jedes Event verfolgt eine bestimmte Absicht. Zwischen den einzelnen Events existieren Synergien. Dies hat zur Folge, dass der Verzicht eines Events nicht nur die Verfolgung der Absicht dieses Events gefährdet, sondern auch den gesamten Erfolg von OKR.

Dennoch ist es wichtig den agilen Grundsatz der kontinuierlichen Verbesserung hier anzuwenden, denn viele Unternehmen passen ihre Events an oder lassen einige sogar weg. Allerdings hat jedes Event eine Wichtigkeit für den OKR Erfolg, welche wir anhand der Ziele der Events im Folgenden sehen können. Der Fokus im OKR Planning liegt auf der Zielfestlegung des folgenden OKR Zyklus. Getreu der Thematik der starken Fokussierung in der OKR Methode sollten auf jeder Ebene maximal fünf Objectives mit maximal vier Key Results als Richtwert gelten. Das OKR Planning findet auf drei Ebenen statt, wobei jedes der Events vom OKR-Master moderiert wird. An dieser Stelle soll eine bespielhafte Ablaufplanung über die Hierarchieebenen bei einem Geschäftsjahreswechsel zum Januar festgehalten werden.

So sollten bis spätestens Mitte Oktober sowohl der Strategieent-wicklungsprozess beendet als auch die Unternehmensziele definiert sein. Folgend erarbeitet der Vorstand gemeinsam mit der nächsten Ebene, beispielsweise die Bereichsleiter, die OKR für diese Ebene. Die Resultate sind anschließend den Abteilungsleitern vorzustellen. Daraufhin wiederholt sich dieser Prozess und die OKR der dritten Ebene werden erarbeitet, beispielsweise die Bereichsleiter mit den Abteilungsleitern, woraufhin eine horizontale Abstimmung erfolgen sollte, um entsprechende Personen zu OKR Workshops einzuladen.

Im Anschluss erfolgt eine „bottom-up" Kommunikation, in dem die Ergebnisse der zweiten Ebene, also den Bereichsleitern, aus den Work-shops mit den jeweiligen Abteilungsleitern dem Vorstand präsentiert werden. Die Erarbeitung der folgenden Team OKR verläuft nahezu identisch, wobei meistens ein Tag für die Erarbeitung ausreichend ist. So sollte bis Ende Dezember die Ausarbeitung aller Objectives sowie Key-Results fertiggestellt sein. Die zeitlichen Vorgaben sind dementsprechend auch sehr unterschiedlich von Unternehmen zu Unternehmen. Desto schneller die Erarbeitung in den höchsten Etagen, desto schneller können auch die Mitarbeiter sich mit ihren individuel-len und Team-OKR auseinandersetzen.

Das nächste Event ist das Weekly. Sinn und Zweck der Weekly OKR ist eine wöchentliche Synchronisation jedes Teams. Durch die ausformulierten Key-Results ist der Fortschritt messbar, beobachtbar und der aktuelle Stand der Dinge für alle ersichtlich. Im Rahmen dieses Meetings überprüft das Team seinen wöchentlichen Fortschritt und beobachtet den Trend hinsichtlich der eigenen Zielerreichung. Das wöchentliche Zusammenkommen dauert 15 Minuten, Ort und Zeit sind immer fix und der OKR Master kann je nach Bedarf mit eingebunden werden. Fester Bestandteil ist in diesem Fall zwar nur das Team, jedoch kann es je nach Situation hilfreich sein den OKR Master über auftretende Hindernisse in Kenntnis zu setzen und in die Koordination der einzelnen Teams zu integrieren. Kern der Weekly OKR ist die Beantwortung der wichtigsten Fragen auf Basis von vier verschiedenen Themengebieten. Als nächstes kommt die OKR Review im typischen OKR Zyklus. Grundgedanke dieses Events ist die Auswertung des vergangenen Quartals. Das Ganze basiert auf zwei Ebenen und beinhaltet demnach auch zwei Veranstaltungen: das Unternehmens-OKR Review und das Team/Mitarbeiter-OKR Review. Als reines Auswertungsevent basiert das OKR-Review auf zwei Bewertungskriterien. Einerseits auf dem Fragenkatalog, welcher aus den Weekly OKR bekannt und lediglich individuell auf den Quartalsabschluss anzupassen ist, andererseits auf den formulierten Key-Results, welche die messbaren Größen im Hinblick auf die Erreichung der Objectives darstellen.

Ziel ist die Beurteilung anhand eins definierten Ampelsystems. Neben dem Quartals-Review gibt es noch die sogenannte OKR Retrospektive, welche ebenfalls immer am Ende eines Quartals stattfindet. War der Fokus im Rahmen des OKR Reviews auf der inhaltlichen Erreichung der →OKR und der Auswertung, konzentriert sich dieses Event eher darauf wie gelungen der Ablauf des OKR Prozesses im vergangenen Quartal war. Es schließt den aktuellen Zyklus ab, ist auf eine Dauer von maximal drei Stunden angesetzt, sollte im Optimalfall bereichs- und hierachieübergreifend durchgeführt werden und wird ebenfalls vom OKR Master geleitet. Die Retroperspektive gilt im OKR Prozess als das entscheidende Element für kontinuierliche Verbesserung und basiert auf dem Konzept des „geschützten Raumes", welches sich auf die allgemeine Kommunikation bezieht. Zwar ist es die Aufgabe des OKR Masters eine gewisse Atmosphäre zu erhalten und gegebenenfalls zu intervenieren, jedoch soll an dieser Stelle von Seiten des Teams frei kommuniziert werden, um alle relevanten Aspekte anzusprechen. Hierbei sollten drei Punkte im Vordergrund stehen. Die genannten Events sind ähnlich zu den Events in Scrum, weswegen sie in der Praxis auch oft vereint werden oder gemeinsame Elemente übernommen werden.

Welches OKR-Artefakt gibt es?

Wie auch bei Scrum, gibt es in OKR ein →Artefakt. Das entscheidende Artefakt im OKR-Rahmenwerk ist die sogenannte OKR-Liste. Sie beinhaltet die gesamten OKR des Unternehmens, von der Unternehmensebene über die Teamebene bis hin zu den individuellen OKR der Mitarbeiter. Sie bildet den gesamten OKR-Prozess zu jeder Zeit ab, weswegen sie von unfassbarem Wert für den Ablauf des Prozesses ist. Hierbei ist essenziell, dass die Liste immer auf dem aktuellen Stand ist. Sie soll allen Mitarbeitern zu jedem Zeitpunkt die Chance bieten einen aktuellen Überblick bezüglich der Zielerreichungen des gesamten Unternehmens zu erhalten, sowie zu erfahren mit welchen Themen sich bestimmte Teams oder Mitarbeiter auseinandersetzen. Hierbei ist die Transparenz der Liste für alle Mitarbeiter von oberster Priorität, da nur auf diese Weise Synergieeffekte geschaffen werden können.

Ein weiterer Zusammenhang mit Agilität ist, dass die Teams in vielen Fällen *cross functional* aufgestellt sind, wenn man beispielsweise dann auch mit Scrum weiterarbeitet. Dies ist kein Muss, also es wird nicht von →OKR vorgegeben, allerdings hat dies viele Vorteile. Denn nur durch *cross functional* Teams entstehen Synergieeffekte mit der Agilität und den unterschiedlichen Methoden.

Was macht OKR so besonders?

Der Outcome ist das, was OKR ausmacht. Was ist damit gemeint? Die Einführung von OKRs in einem Unternehmen führt in der Regel zu einer Veränderung der Inhalte innerhalb eines Führungsmodells. Das Framework ist extrem auf das Erreichen von Ergebnissen ausgerichtet, so dass die Diskussionen über den geplanten Input in Form von Aufgaben deutlich reduziert werden.

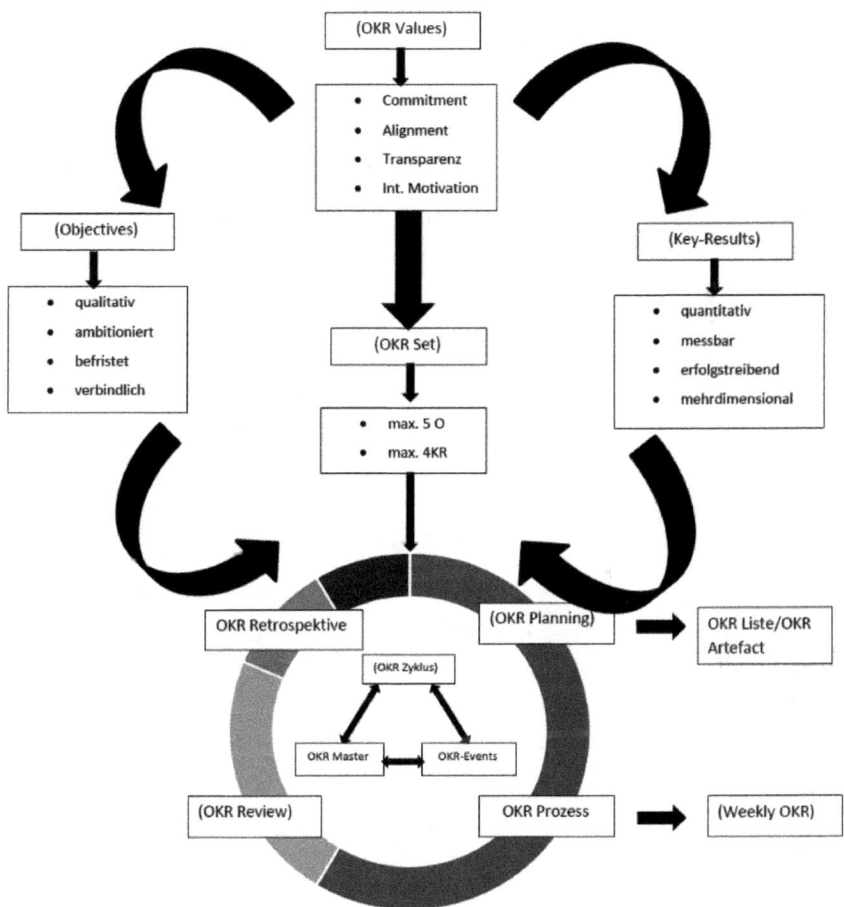

Was macht OKR so besonders?
Quelle: *ISBN OKR BUCH NEU*

OKRs fokussieren die Diskussion vollständig auf Output und daraus resultierenden Outcome. Und dies ist auch die erste Hürde auf dem Weg gute OKR zu formulieren, das Denken in Outcomes. Denn viele

Unternehmenskulturen, Ziel- und Leistungssysteme sind darauf ausgelegt, Aktivitäten zu honorieren. Das heißt Mitarbeiter werden für die
Erledigung vieler Aufgaben incentiviert.

Generell stellt OKR also das Outcome in den Vordergrund. Dabei
knüpft dies im Idealfall immer am Kunden beziehungsweise Empfänger
der Leistung an. Schließlich soll auf dieser Ebene die Wirkung erzielt
werden. Wenn der Mitarbeiter dieser Logik folgt, dann ist das Objective
ein Outcome, die Key Results messbare Outputs. Dagegen sind Aktivitäten nur das operative Doing, um die OKR zu erreichen. Wenn man als
Mitarbeiter die ersten OKR formuliert, dann wird man möglicherweise
merken, dass Mitarbeiter und Teams vor allem Aktivitäten in den
Vordergrund stellen. Hier geht es immer wieder darum zu hinterfragen,
was das damit verbundene Outcome ist (Objective) und was die geeig-
neten Key Results. An dieser Stelle ist es wichtig nicht locker zu lassen,
denn das ständige Er- und Hinterfragen ist der Schlüssel für gute OKR.
Auch wenn es sich zwischenzeitlich wie verlorene Zeit anfühlt.

Welche Rollen gibt es im Rahmen von OKR?

Die wichtigsten Rollen in OKR ist der OKR Master und die Unternehmensebenen, die nach OKR arbeiten. Da die Implementierung von
OKR von Unternehmen zu Unternehmen variiert, variieren dementsprechend auch die Rollen und die involvierten Unternehmensebenen.
Arbeitet das ganze Unternehmen nach OKR, wird es sehr viele Rollen
geben, um den OKR-Prozess für das gesamte Unternehmen zu gewährleisten. Dies bedeutet, dass mehrere OKR Master in dem Unternehmen
zu finden sein werden. Ist es nur ein kleines Unternehmen, welches
sich mit OKR auskennt, ist es auch möglich, dass es keine spezifischen
Rollen für den OKR-Prozess gibt. Dies ist nicht immer hilfreich, denn
die agilen Methoden brauchen in den meisten Fällen einen „Schieds-
richter", der eben der Master der Methode ist. Denn die Umstellung auf
agile Methoden ist zwar oft gewollt, dennoch springen die Mitarbeiter
in alte Verhaltensweise zurück.

Dies ist der Grund, dass es durchaus sinnvoll ist einen OKR Master
zu haben, egal wie groß das Unternehmen oder der Bereich ist, der nach
OKR arbeitet. Wie bereits erwähnt, hängen die weiteren Rollen von der

Implementierung von OKR ab. Arbeitet das ganze Unternehmen nach OKR, gibt es beispielsweise drei Ebenen und dementsprechend drei Rollen. Diese wären das Managementlevel, die Abteilungsleiter und die Mitarbeiterebene. Dies ist selbstverständlich nur sehr vereinfacht dargestellt, doch da das OKR Framework nicht alles vorgibt, sehen die Rollen doch öfter anders aus als man denkt. Hier gilt aber ebenfalls der agile Ansatz der kontinuierlichen Verbesserung. Das bedeutet, dass die Rollen auch kontinuierlich verbessert werden können, wenn es nötig ist.

Was sollte ein Unternehmen beachten, wenn es OKR implementiert?

Die größte Herausforderung bei der Implementation von →OKR ist die Unternehmenskultur. Dies ist eine Gemeinsamkeit zu anderen agilen Frameworks, weswegen dieses Thema ebenfalls in anderen Fragen genauer beschrieben wird. Für OKR und den Erfolg des Frameworks ist es wichtig, dass sich das gesamte Unternehmen an den Prozess hält und die erwartete Transparenz entsteht. Wenn die Mitarbeiter und Abteilungsleiter ihre Ziele transparent machen und sich somit auch „angreifbar" machen, welches selbstverständlich nicht das Ziel von OKR ist, aber dennoch oft der Fall ist, wäre es ein falscher Schritt seitens des Managements ihre Ziele nicht transparent zu machen. Da dies ein großer Schritt für etablierte Geschäftsebenen ist, ist dieser Schritt wichtig zu beachten. Gibt es Geschäftsebenen, die ihre OKR nicht transparent machen und kommunizieren, ist es erstens schwer für die unteren Ebenen die richtigen Ziele zu setzten, da Richtwerte fehlen. Zweitens ist dies auch der falsche Schritt mehr Commitment aus dem Unternehmen hervorzubringen, denn es zeigen sich Diskrepanzen und kein Teamgefühl.

Das Teamgefühl ist ein wesentlicher Punkt, den es bei OKR zu beachten gilt, denn es gibt Mitarbeiter, die bei der Zielsetzung und Zielerreichung dazu tendieren eher in das Konkurrenzdenken zu verfallen, statt in die Zusammenarbeit. Das dies ein Fehler für ein Unternehmen und die Unternehmenskultur ist, ist klar, allerdings wird dies oft nicht beachtet, weswegen Abteilungen manchmal eher schlecht voneinander reden, statt sich zu unterstützen. Wenn letzteres der Fall in einem Unternehmen ist, muss bei der Implementation darauf geachtet werden, dass die Abteilungen verstehen, dass sie zusammen an den Unternehmens-OKR arbeiten und sich demensprechend unterstützen können. Dies ist ein Hauptmerkmal für den Erfolg von OKR und demnach auch ein Merkmal, was mit besonderer Achtung verfolgt werden muss. Verstehen die Abteilungen und Mitarbeiter nicht, wie ihre Arbeit zusammenhängt und die KPIs beeinflussen, wird OKR nicht den Erfolg zeigen für das es weltweit bekannt ist.

Literaturtipp:
Eine vertiefende Antwort zu allen Fragen bezüglich OKR findest Du im Buch „Measure What Matters" von John Doerr und Kris Duggan. Das Buch gibt nicht nur einen Überblick über das OKR Framework, es beinhaltet auch zahlreiche Fallstudien.

Agile Organisation und Transformation

 Dieses Kapitel konzentriert sich auf die Umsetzungs-
schritte agiler Methoden in einer Organisation.

Woher kommt der große „Hunger" von Organisationen nach Agilität und der agilen Transformation?

Diese Frage wurde sehr ausführlich im ersten Kapitel des Buches beantwortet, dementsprechend gilt diese Antwort als eine Art Zusammenfassung unter Betrachtung von zwei neuen Perspektiven. Der Grund für Agilität sollte an diesem Punkt klar sein. Die Anpassungsfähigkeit und Schnelligkeit der Reaktionen auf Veränderungen werden immer wichtiger in einer dynamischen Welt. Doch genau die agilen Transformationen bringen Komplexität und Schwierigkeiten mit sich, die nur einzugehen sind, wenn das jeweilige Unternehmen seine eigenen Gründe für die agile Transformation hat.

Agile Transformationen haben erhebliche Auswirkungen auf Unternehmen und das sollten sie natürlich auch. Agilität hat die Re-Organisation von Menschen, Arbeit und Verantwortlichkeiten zur Folge. Mitarbeiter werden gebeten darüber nachzudenken, wie sie ihre Arbeit erledigen wollen und welche Verantwortlichkeiten sie für richtig erachten. Manager sollten ihren Mitarbeitern dafür den nötigen Raum geben. Dafür sollte es aber einen guten Grund geben. Unternehmen sollten wissen, wieso Sie von nun an agil arbeiten wollen und diese Gründe auch jedem vermitteln. Es gibt viele allgemeine Gründe für die agile Transformation, allerdings sollte jedes Unternehmen die eigenen Motive finden. So sind oft gehörte Beispiele aus der Praxis, dass Unternehmen die schnelle Lieferung gewährleisten wollen, die Kundenzufriedenheit steigern und neue Kunden gewinnen können oder innovative Produkte durch motivierte Mitarbeiter kreieren.

Jedes Unternehmen hat die eigenen Gründe und dies ist auch ein Rat an jedes Unternehmen, sich selbst darüber klar zu werden, wieso man eigentlich agil werden will. Es ist hilfreich sich einen zentralen Beweggrund auszusuchen, diesen zu formulieren, um somit die Kernaussage dieses Motivs in einem Satz zu haben. Demnach geht man folgender Frage nach: Was würde ihre agile Transformation als erfolgreich kennzeichnen? Ein Ziel zu verfolgen ist hart genug. Außerdem beeinflusst Ihr Ziel auch die Art und Weise, wie sich Agilität im Unternehmen verankert. Aus diesem Grund ist es wichtig das richtige Motiv zu kennen und dieses transparent dem Unternehmen mitzuteilen.

Ein weiterer Grund, der nicht ausführlich im ersten Kapitel genannt wird, ist, dass Agilität heute Mainstream ist. Es dürfte kaum jemanden in großen Unternehmen geben, der nicht mindestens schon davon gehört hat. In vielen Branchen wird Agilität bereits breitflächig praktiziert und andere fragen sich, ob und wie sie agiler werden können. Dies trägt auch zu dem großen Hunger nach Agilität bei.

Aber dieser Mainstream, in dem sich die Agilität befindet, ist oft der größte Feind von Unternehmen und deren Mitarbeiter. Das Verständnis von wahrer Agilität sinkt proportional zur Anzahl der Menschen, die diese propagieren, verkaufen und einführen wollen. Der Begriff der Agilität verwässert im Mainstream und mutiert zu einem nahezu inhaltsleeren Schmuckwort, dass kaum mehr seine eigentliche Bedeutung transportieren kann.

Das Ergebnis? Nicht überall, wo agil draufsteht, wird auch Agilität gelebt. Ein gefährlicher Etikettenschwindel, der im besten Falle nur eine Person allein in Gefahr bringt. Schlimmer aber, wenn sich andere darauf verlassen, dass Sie passende Methoden zur Lösung ihrer Probleme haben, welche es in Unternehmen zu genüge gibt. Leider finden die meisten Menschen den Zugang über den falschen Weg zur Agilität. Angezogen von attraktiven schillernden Wertversprechen werden entsprechende Erwartungen geweckt. Der Weg, um diese Erwartungen zu erfüllen, scheint fast schon zu einfach. Schließlich geben diverse Frameworks die Spielregeln vor, nach denen man Agilität lebt. Aber wer Scrum verstanden hat, hat nicht zwangsfolgend auch Agilität verstanden. Das ist der Grund, warum die Findung eines einzigartigen Motivs so wichtig ist, um somit den Hunger stillen zu können. Wird dieser Grund nicht gefunden, gelangen viele Unternehmen in die Verlegenheit weiter zu agilisieren, obwohl die agile Transformation vielleicht schon vollzogen wurde und die Erfolge erst auf lange Sicht zu sehen sein werden.

Videotipp:
Das Video „Was ist Agile Transformation? ☺ Agile Transformation erklärt! 🎬“ auf dem YouTube Kanal von Agile Heroes gibt eine Erklärung über was eine Agile Transformation ist und weitere Einsichten diesbezüglich. Das ▶ Video findest Du unter:

www.youtube.com/watch?v=eUmrTKEdnIU&list=PLqTqbdnMbc
B8uafDRSg2Iy-n5aWaVx8hP&index=4

Was macht Organisationen agil?

Viele Aspekte können Organisationen agil machen. Es ist nicht immer
nur die Implementierung einer agilen Methode, es kann auch die
unternehmensinterne Kultur und Arbeitsweise sein, die sich im agilen
Mindset widerspiegelt oder auch die Implementierung von einzelnen
agilen Komponenten wie beispielsweise das agile Manifest.

Es ist auch nicht richtig zu sagen, dass eine Organisation nur agil
ist, wenn alle Mitarbeiter agil arbeiten. Es ist normal, dass viele Abteilungen nicht agil arbeiten, aber der Einfluss der Kultur und anderen
agilen Abteilungen einen Einfluss auf die allgemeine Sichtweise der
Mitarbeiter hat. Anhand dieser Erläuterungen wird es klar, dass es
schwer ist zu definieren, wann ein Unternehmen agil ist und wann
nicht. Dennoch ist es wichtig zu sagen, dass heutzutage der Großteil der
Unternehmen nicht agil ist, obwohl sie es sich auf die Fahne schreiben.
Aus diesem Grund helfen folgende Punkte zu realisieren, was Unternehmen agil macht. Ein großer Schritt in Richtung Agilität ist die offene
Kommunikation und Transparenz innerhalb des Unternehmens und
auch nach außen.

Der regelmäßige Austausch untereinander sowie mit Auftraggebern
oder Geschäftspartnern ist von großer Bedeutung. Nur wer offen,
oft und ehrlich miteinander spricht und seine Vorstellungen, Wünsche oder Bedenken äußert, kann mit konstruktivem Feedback und
erfreulichen Ergebnissen für alle Parteien rechnen. Man tauscht sich
dabei auch über die Art und Weise der Kooperation aus und strebt
die kontinuierliche Verbesserung der Zusammenarbeit an. Außerdem
spricht in agilen Projekten das Team direkt mit den Auftraggebern oder
Partnern – am besten so oft wie möglich. Diese direkte Kommunikation
beugt Missverständnissen und Verzögerungen im Projektablauf vor.
Zusätzlich zu der kontinuierlichen Verbesserung der Zusammenarbeit
ist das Streben nach Prozessoptimierung einer der Grundpfeiler im
agilen Arbeiten. Agile Teams reagieren schneller auf Veränderungen,

erkennen Fehler, versuchen daraus zu lernen und den bestehenden Workflow zu optimieren.

Mit jeder Prozessoptimierung sollte eine Einsparung von Ressourcen wie Zeit oder Geld einhergehen. Eine oft genutzte Prozessoptimierung in agilen Unternehmen ist die Visualisierung. Zum „Für alle Sichtbarmachen" der Workflows oder Ziele für das gesamte Team, bietet sich die Verwendung eines White Boards (auch Kanban-Tafel) an. Inzwischen gibt es auch zahlreiche Online-Plattformen mit entsprechenden Tools – nicht nur für räumlich getrennt voneinander arbeitende Teams kann das nützlich sein. So behält man den Überblick über bereits geleistete Arbeit und zukünftige ToDos sowie den Fortschritt des Projekts. Die Transparenz in agilen Unternehmen bringt viele Vorteile mit sich die langfristig zu großen Erfolgen führen können.

Jeder im Team weiß über alle Arbeitsschritte, Pläne und Ziele Bescheid – sowohl über die eigenen als auch die der anderen. Der Status quo des Projekts wird regelmäßig besprochen und eventuelle Änderungen der Zielvereinbarung mitgeteilt. Selbiges gilt für auftretende Probleme oder Hindernisse. Jeder ist auf dem gleichen Wissensstand der Dinge. Außer den zuvor genannten Beispielen ist es essenziell anzusprechen, dass es im agilen Umfeld stets darum geht zu lernen und sich anzupassen. Das Ausprobieren von Neuem birgt neben der Chance Bestehendes weiterzuentwickeln und zu verbessern auch das Risiko des Scheiterns. Fehler sollten in einem agilen Mindset nicht negativ konnotiert sein, sondern stets als Chance des Lernens gesehen werden. Dementsprechend kann zusammenfassend gesagt werden, dass die Anpassungsfähigkeit zwar das Hauptmerkmal von agilen Unternehmen ist, es aber viele weitere Komponenten gibt, die ebenfalls Unternehmen agil machen beziehungsweise zu der Flexibilität von agilen Unternehmen führt.

Videotipp:
▶ www.youtube.com/watch?v=9NALILkSD6I&list=PLqTqbdnM bcB8pmmPSMrmnFxyJMObJzNoT&index=3

Wie kann man Agilität in Organisationen umsetzen?

Wenn nicht nur ein Teilprojekt, sondern ein ganzes Unternehmen gesteuert werden soll, stoßen Manager mit Scrum und Kanban schnell an Grenzen. Denn sobald ein Vorhaben groß und komplex wird, ist ein Framework notwendig, um mehrere Arbeitsgruppen gemeinsam und effizient zu steuern. Eines der bekanntesten Möglichkeiten hierfür ist das Scaled Agile Framework (SAFe). Dabei handelt es sich um ein Rahmenwerk, das die agilen Arbeitsgruppen großer Organisationen zusammenführt. SAFe verbindet Praktiken aus dem Lean Management und dem Agile Management aber hebt dies auf die Unternehmensebene. Dieser Rahmen fungiert als Wissensbasis und verbessert die Zusammenarbeit der verschiedenen Projektgruppen. Auf der Team-Ebene finden sich die gleichen Rollen wie bei Scrum, auf der übergeordneten Ebene gibt es außerdem den Product Manager (legt Prioritäten fest), einen Sytem Architect (entwickelt die Systemarchitektur und begleitet den Entstehungsprozess), einen Release Train Engineer (RTE) (vereinfacht als Chief Scrum Master die Zusammenarbeit der Teams) und einen Business Owner (verantwortet den Mehrwert des zu entwickelnden Systems).

Insbesondere für große Organisationen bietet das Scaled Agile Framework einen umfassenden Ordnungsrahmen, um agile Projekte miteinander in Einklang zu bringen. Aufgrund des großen Umfangs an Konzepten, Rollen und Prozessbeschreibungen benötigt die Einarbeitung allerdings Zeit und oftmals auch ein Training durch einen →Agile Coach. Wenn Mitarbeiter allerdings schon mit anderen agilen Vorgehensweisen vertraut sind, sollten sie sich schnell einarbeiten können.

Eine weitere Methode, die die Produktentwicklung von mehreren nach Scrum arbeitenden Arbeitsgruppen unterstützt, ist das Large-Scale Scrum (LeSS) Framework. Dieses Rahmenwerk ermöglicht es, einzelne Scrum Teams mit einem geringen administrativen Aufwand effektiv zu synchronisieren. Genau wie der Scaled Agile Framework basiert LeSS auf spezifischen Prinzipien, die beim Einsatz unterstützen sollen: Hohe Transparenz, klarer Fokus auf das Gesamtergebnis, deutliche Nutzerzentrierung, kontinuierliche Verbesserung und „Lean" (schlankes) Denken.

Für den Management-Einsatz unterscheidet LeSS zwei Fälle: Zum einen Projekte, die acht oder weniger Arbeitsgruppen involvieren (LeSS) sowie Projekte, die mehr als neun Gruppen umfassen (LeSS Huge). Projekte mit bis zu acht Gruppen entwickeln gemeinsam ein Produkt unter einem Product Owner. Beim LeSS Huge Framework arbeiten jeweils vier bis acht Gruppen gemeinsam unter einem Area Product Owner an einem Teilbereich. Der Ansatz ist ideal, wenn Mitarbeiter bereits über das nötige Hintergrundwissen verfügen.

Videotipp:
Das Video „Jan Brakebusch (Verklickern) über Agilität im Online Marketing ⊙" auf dem YouTube Kanal von Agile Heroes ist ein Interview, in dem Jan erläutert, wie er Agilität in seinem Unternehmen praktisch umsetzt. Das ▶ Video findest Du unter:
www.youtube.com/watch?v=4LuqTfWwGTI&list=PLqTqbdnMbc
B8pmmPSMrmnFxyJMObJzNoT&index=7

Wie kann man ein agiles Mindset aufbauen?

Unternehmen wollen erfolgreich sein und wenden sich der Agilität zu. Sie erhoffen sich durch die Anwendung von agilen Methoden eine grundlegende Veränderung. Agile Methoden bedeuten aber noch kein agiles Mindset.
Im Rahmen der digitalen Transformation haben viele Unternehmen angefangen neue Managementmethoden, wie z. B. Scrum, Kanban und Design Thinking zur Steigerung ihrer Agilität einzusetzen. Allerdings ist oft das fehlende agile Mindset eine der größten Herausforderungen oder sogar Gründe für das Scheitern von Agilität. Ein guter Start ist das Mindset. Ein englischer Begriff, der vielfältig übersetzt werden kann: Innere Haltung, Grundeinstellung, Glaubenssätze, persönliche Werte. Dazu kommt der Zusatz „agile".
Man kann sich das Mindset als einen Filter vorstellen, durch den Menschen Ihre Umwelt wahrnehmen. Das persönliche Mindset

bestimmt die Frage: „Was nehmen wir in bestimmten Situationen auf und was nicht?". Und genau diese Fragestellung ist für eine agile Transformation und die Arbeit im agilen Umfeld essenziell. Nur weil ein Team Kanban als agiles Tool verwendet und einmal täglich zum Daily Scrum zusammenkommt, ist der Change-Prozess vom klassischen zum agilen Handeln noch nicht vollzogen. Vielmehr müssen die agilen Werte und Prinzipien zunächst verinnerlicht werden.

Dann kommt das agile Mindset ins Spiel. Es gilt als Kern der agilen Arbeit. Langfristig effizient ist agiles Arbeiten erst dann, wenn ein agiles Verhalten auf der Basis des Mindsets entstehen und ausgebaut werden kann. Dann werden auch alle vorhandenen Möglichkeiten ausgeschöpft. Zu Beginn legt man ein agiles Wertesystem als Orientierungsrahmen fest. Dieses kann beispielsweise folgende Elemente beinhalten.

» Commitment: Man hat ein gemeinsames Ziel vor Augen und zieht an einem Strang. Diese Aussage ist in den Köpfen aller Projektbeteiligten verankert. Das Projektziel wird zu Beginn klar definiert – im Team und gemeinsam mit den →Stakeholdern.

» Vertrauen und Respekt: Jeder kennt die Stärken und Schwächen des anderen und weiß ebenfalls, wen er zu welchem Fachgebiet um Hilfe bitten darf. Der respektvolle Umgang miteinander ist Grundvoraussetzung für ein gut und erfolgreich zusammenarbeitendes agiles Team.

» Offenheit und Mut: Jeder darf seine Meinung frei und offen äußern – und kann diesen Charakterzug auch von den Kollegen erwarten. So wird Missverständnissen und Auseinandersetzungen vorgebeugt.

» Einfachheit: Statt Projekte zu verkomplizieren, wird nach einfachen, schlanken Lösungen gesucht, um den größtmöglichen Nutzen zu generieren. Minimaler Aufwand, maximale „Ausbeute".

» Fokus: Jeder im Team fokussiert seine eigene Aufgabe und vermeidet zeit- und ressourcenaufwendiges

» Multitasking oder Parallel-Arbeiten: Neben den agilen Werten helfen die agilen Prinzipien beim Ausüben agiler Arbeitsprozesse.

Auch wenn das Einführen konkreter Methoden noch nicht im Team erfolgt ist, kann ein Umdenken und Verinnerlichen der Prinzipien – bereits angewendet im Rahmen täglicher Routineaufgaben – zu einem produktiveren Arbeitsfluss führen.

Einer der wichtigsten Punkte, um das agile Mindset in Unternehmen zu etablieren, ist eine offene und vertrauensvolle Feedbackkultur. Zusätzlich dazu ist eine Fehlerkultur essenziell, damit die Mitarbeiter weiter an ihrem Mindset arbeiten können, ohne bestraft zu werden. Fehler sind ein Bestandteil des Lernens und der Weiterentwicklung. Um diese als Chancen zu nutzen, gilt es, eine entsprechende positive Fehlerkultur zu etablieren. Das gelingt besonders gut, wenn regelmäßiges Feedback aus dem Team eingeholt wird. Transparenz: Jeder im Team weiß über alle Arbeitsschritte, Pläne und Ziele Bescheid – sowohl über die eigenen als auch die der anderen. Der Status quo des Projekts wird regelmäßig besprochen und eventuelle Änderungen der Zielvereinbarung mitgeteilt.

Selbiges gilt für auftretende Probleme oder Hindernisse. Jeder ist auf dem gleichen Wissensstand der Dinge. Dies sind einige Punkte, die sehr hilfreich und essenziell sind für den Aufbau eines Mindset, welches die Grundlage für das agile Arbeiten ist. Eine Mindset-Entwicklung, die von oben verordnet wird, ist von vornherein zum Scheitern verurteilt. An seinem Mindset zu arbeiten kann nur freiwillig und selbstbestimmt erfolgen. Nur dann öffnen Menschen ihr Mindset für neue Sichtweisen, Werte und Prinzipien, die Sie beweglicher machen. Das bedeutet, dass erst wenn alle Unternehmensbereiche, von der Personal- über die Führungsetage bis hin zu jeder einzelnen Abteilung, „Agilität", auf die jeweiligen Bedürfnisse angepasst, leben und Veränderungen gegenüber offen eingestellt sind, kann der Change-Prozess gelingen und Erfolge mit sich bringen.

Videotipp:
Das Video „Dein Neurohack für mehr Team-Motivation! 🚀 – Agile Heroes MeetUp" auf dem YouTube Kanal von Agile Heroes ist ein sehr hilfreiches Video für den Aufbau eines agilen Mindset und Motivation. Das ▶ Video findest Du unter:
www.youtube.com/watch?v=I7sR_ht-4Mw

Welche Methoden eignen sich zur Agilisierung von Organisationen und können sie kombiniert werden?

Die bekanntesten Methoden zur Agilisierung von Unternehmen sind Scrum, Kanban, Design Thinking und OKR. Dies ist der Grund, warum in diesem Buch die genannten vier Methoden im Vordergrund standen. Es ist möglich, dass weitere Methoden an Wichtigkeit in den nächsten Jahren gewinnen werden, denn die Thematik der Agilität entwickelt sich rasant durch die ansteigende Implementierung von Methoden. All diese Methoden sind anpassbar und setzen nur Rahmenbedingungen. Dies ist der Grund dafür, dass es einfach und weit verbreitet ist die agilen Methoden zu kombinieren und sie parallel in Teams einzusetzen.

Die Denkansätze der Methoden sind sehr ähnlich, denn sie haben alle eine agile DNA. Dies wird bei der Betrachtung des →Agilen Manifests ersichtlich, welches das Fundament für alle Methoden ist. Demnach werden diese Methoden angepasst und kombiniert. Das meist verbreitete Beispiel ist Scrum. Die Retrospektive, welches ein Event von Scrum ist, wird in vielen weiteren agilen Methoden ebenfalls genutzt. Da die agilen Methoden Frameworks sind, das heißt, dass nur Rahmenbedingungen vorgegeben werden, gestaltet sich die praktische Anwendung sehr unterschiedlich zu der theoretischen, weswegen die Kombination von Methoden ebenfalls von Unternehmen zu Unternehmen unterschiedlich ist und es dementsprechend zu ausführlich ist für den Umfang dieses Buches große Beispiele anzubringen.

Lesetipp:
Mehr Inhalte und Methoden zur Agilisierung von Organisationen findest Du in der Fachliteratur der Agile Heroes, beispielsweise das Buch Jira. Mehr findest Du unter: www.agile-heroes.de/buch/

Was sind die Voraussetzungen für die agile Transformation?

Es gibt viele Voraussetzungen für die agile Transformation, interne und externe, sowie aber auch die Unternehmenskultur und die richtigen Personen. Wenn der große Wandel in die Agilität also gelingen soll, müssen Unternehmen bei den Menschen beginnen – am besten bei den Führungskräften, die in der agilen Transformation als erste gefordert sind, denn sie müssen ihre Mitarbeiter in die neue Arbeitswelt mitnehmen müssen. Für die Führungskräfte ist der Sprung in die Agilität und damit auch eigenverantwortliches Handeln in der Regel besonders groß.

Im ersten Schritt müssen sie die Sorgen um die eigene berufliche Zukunft überwinden, sich im zweiten Schritt größerer Verantwortung in ihrem Job stellen und sich im dritten Schritt darauf einstellen, dass mit Agilität und mutigem Handeln auch das Risiko entsteht, Fehler zu machen. Und Fehler müssen erlaubt sein, denn nur so kann sich der Mensch und das Unternehmen erfolgreich weiterentwickeln. Genau für diese Punkte ist die richtige Unternehmenskultur äußerst wichtig, weswegen diese ebenfalls als Grundvoraussetzung gilt.

Die Unternehmenskultur ist so wichtig, weil Agilität mehr als nur eine Herangehensweise oder eine Implementierung von Methoden ist. Agilität ist eine Haltung, ein Mindset. Und Agilität als eine Haltung wird derzeit und in den nächsten Jahren von den radikalen, digitalen Veränderungen auf extreme Weise herausgefordert werden. Sie zu optimieren bedeutet insbesondere für Führungskräfte und Teams die Überprüfung ihrer bisherigen Denkweise und deren Weiterentwicklung, wie bereits angesprochen, weswegen der Wille und die Offenheit der Mitarbeiter ebenfalls eine Voraussetzung ist. Neben dem Tagesgeschäft, das erfahrungsgemäß oft Vorfahrt hat, lässt sich diese nicht über Nacht im Sinne des Unternehmens optimieren. Zumal Unternehmen auch

Überzeugungen haben, die sich positiv in Unternehmenswerten und Vorgehensweisen verdichten. Dies wird gerne Unternehmens-DNA genannt, die ein Ausdruck der Unternehmenswerte oder sogar explizit der Werte der Mitarbeitenden sind. Diese Werte machen Menschen stolz und sie können sich damit identifizieren.

Der zunehmende Wettbewerbsdruck stellt Unternehmen, ihre Werte, Tools und Prozesse, Methoden, Prinzipien und Mindsets auf den Prüfstand. Sofort und reflexhaft stellen die Menschen die Frage nach dem „Warum" und dem „Warum gerade jetzt". Diese Fragen sind sinnvoll und wichtig und müssen beantwortet werden. Hier entscheidet sich, wie gut der Brückenschlag vom Altbewährten zum Neuen gelingt oder wie gut die zwei Betriebssysteme miteinander harmonieren. Von den Antworten darauf hängt ab, ob und wie die betroffenen Menschen mitziehen. Genau an diesen Stellen ist es ebenfalls eine Voraussetzung, dass die Kenntnisse für die Transformation da sind, welche beispielsweise von einem →Agile Coach ins Unternehmen gebracht werden können.

Außerdem ist es aber essenziell, dass die externen Faktoren sich ebenfalls an die Agile Transformation anpassen beziehungsweise keine Steine in den Weg legen. Das können beispielsweise Stakeholder sein, die die agile Arbeitsweise nicht präferieren und die agile Transformation scheitern lassen können. Diese können extern, aber auch intern sein. Weitere interne Faktoren sind die organisatorischen Voraussetzungen, die auch durch →agile Methoden geschaffen werden können und dementsprechend in den einzelnen Kapiteln aufgefasst werden. Eine weitere Voraussetzung, die sich unabhängig von der gewählten Methode aufzählen lässt, ist die Bereitschaft sich ständig zu hinterfragen und das Vorgehen zu optimieren. Jede Veränderung und Transformation bringt auch Probleme und ineffiziente Vorgehensweise mit sich, aus diesem Grund ist es eine Voraussetzung die Grundhaltung der ständigen Verbesserung der agilen Transformation zu haben und dementsprechend die Erfolgswahrscheinlichkeit zu erhöhen.

Welche Rolle hat ein Agile Coach im Rahmen der agilen Transformation?

Der →Agile Coach ist eine Schlüsselrolle in agilen Organisationen, sowie auch bei der →agilen Transformation. Auch wenn in der Praxis Berater aus dem Change Management für Transformationen zur Unterstützung herangeholt werden, ist es auch oft zu sehen, dass Agile Coaches genau diese Rolle während der Transformation übernehmen und mit Hilfe des Managements und →Scrum Mastern die agile Transformation durchführen. Meist begleiten Coaches mehrere Teams oder das gesamt agile Konstrukt in skalierten Umfeldern.

Sie helfen mit agilen Methoden und Techniken den erbrachten Wert für die Kunden der Teams zu steigern. Sie beseitigen Hindernisse in der Zusammenarbeit und erhöhen schrittweise den Reifegrad der gesamten Organisation über die ganze Transformation und auch nach dieser. Auch wenn Agile Coaches oft die agile Transformation leiten und als Berater fungieren, tragen sie ebenso oft eine etwas andere Rolle. Der Agile Coach ist häufig auch der operative Wegbereiter für die agile Transformation im Unternehmen. In diesem Falle verhalten sie sich auch anders als ein Berater. Agile Coaches haben eine laterale Führungsrolle: Sie sind Führungskraft ohne disziplinarische Verantwortung. Sie sind „Servant Leader", das bedeutet dem Team dienende Führungskräfte. Vor diesem Hintergrund treffen sie keine Entscheidungen und beraten in der Regel auch nicht in fachlichen Fragen. Stattdessen treten sie eher als Mentoren, also als kritische Gesprächspartner für die Entwicklung des Teams, auf. Sie führen über Fragen zu den richtigen Lösungen.

Ein guter Agile Coach verfügt über einen umfassenden Werkzeugkoffer: Agile Vorgehensmodelle, Methoden und tiefes Wissen zu Haltung und Prinzipien. Mit dieser Expertise unterstützt die agile Rolle das Team, den Product Owner und weitere →Stakeholder bei der täglichen, agilen Arbeit, die sich durch die agile Transformation auch sehr verändert wird. In der Praxis nehmen sie ihre Rolle meist gleichzeitig in zwei, maximal drei Teams wahr. Zudem trainieren sie das Management oder lösen Abhängigkeiten in der Zusammenarbeit mit anderen Teams auf. Der große Unterschied von den zuvor genannten Rollen ist, dass der Agile Coach in den meisten Fällen eine Führungskraft ohne

Verantwortung ist, welches eine Umstellung für klassisch geführte Unternehmen ist.

Der Umstand, dass der Agile Coach nicht als Manager, noch nicht einmal als Mitglied eines Teams gesehen wird, hat großen Missverständnissen geführt. Hinzu kommt, dass er nun doch in manchen agilen Transformationen berät und weniger als dienende Führungskraft agiert, wie bereits erwähnt. Der zuvor angesprochenen Rolle sagt man jedoch nach, sie sei zwar Führungskraft, müsse jedoch keine Verantwortung übernehmen. Diese Meinung wird zusätzlich gestärkt, da sich Coaches nicht in fachliche Fragestellungen einbringen oder operative Entscheidungen treffen. Das Bild des klassischen Vorgesetzten, des erfahrenen Entscheiders, der Befehle gibt und die Ausführung kontrolliert, wird vom Agile Coach schlichtweg nicht erfüllt.

Agile Systeme teilen Macht und Verantwortung in einem Führungsteam mit verschiedenen Rollen auf. Die Zuständigkeiten sollen nicht mehr bei Einzelnen, dann meist überlasteten Führungskräften liegen. In einem agilen Team teilen sich die Verantwortlichkeiten wie folgt: Das Team übernimmt Ownership dafür, dass durch ihre Arbeitsergebnisse, den sogenannten Inkrementen, für Kunden ein Mehrwert entsteht. Der Product Owner trägt Ownership dafür, dass der Mehrwert des Gesamtprodukts für die Kunden stetig steigt. Der Agile Coach übernimmt Ownership dafür, dass die Rahmenbedingungen und das System, in denen das Team Wert für ihre Kunden erbringt, optimal auf die Bedürfnisse und Anforderungen ausgerichtet sind. Diese Perspektive auf Führung ist ein zentraler Erfolgsfaktor für die Arbeit in einem agilen Umfeld. Für Coaches ist es wichtig eine gewisse Distanz zum Team und Fachthemen zu haben. Es hilft dabei, die Aktivitäten des Teams im Alltag kritisch zu hinterfragen und sich zugleich objektiv und neutral – ohne eigene Interessen – einzubringen.

Das ist der Grund, weswegen agile Coaches meist extern zugekauft werden und nicht intern. Das Konfliktpotenzial sinkt, da Team und Führungskraft anders als in den heute üblichen Systemen nicht an den gleichen Aufgaben arbeiten, jedoch das gleiche Ziel verfolgen. Führungskräfte in klassisch geführten Systemen übernehmen typischerweise Verantwortung auf einer fachlichen Ebene. Sie treffen Entscheidungen, definieren Prozesse und sorgen für effizientes Arbeiten.

Sie sehen es als Ziel, die Menge der produzierten Arbeit zu erhöhen. Agile Coaches übernehmen Verantwortung auf der operativen Ebene. Mit ihren Aktivitäten sorgen sie dafür, dass ein Team einen möglichst hohen, qualitativen Wert für seine Kunden erbringen kann. Hierzu übernehmen sie Verantwortung für die Rahmenbedingungen, in denen ein Team arbeitet. Sie sorgen für eine optimale Zusammenarbeit und einen guten Arbeitsfluss im Team.

Diese Erläuterungen sollen helfen zu verstehen, welche Rolle der Agile Coach in den meisten Fällen. Dennoch ist hier wiederholt wichtig zu sagen, dass sich diese Rolle bei jeder →agilen Transformation unterscheiden kann, da auch nicht alle Unternehmen sich agile Coaches zusätzlich zu mehreren Scrum Masters leisten können.

Videotipp:
Das Video „Was ist ein Agile Coach? ☺Agile Coach erklärt! ▣" auf dem YouTube Kanal von Agile Heroes ist ein sehr hilfreiches Video, um die Rolle des Agile Coaches zu verstehen. Das ▶ Video findest Du unter:
www.youtube.com/watch?v=chINZRCzkro&list=PLqTqbdnMbcB
8uafDRSg2Iy-n5aWaVx8hP&index=3

Welche Hürden gibt es bei einer agilen Transformation?

Zusätzlich zu den bereits genannten Punkten bezüglich der Unternehmenskultur in anderen Fragen, ist es wichtig zu wissen, ob die Zusammenarbeit im Unternehmen im täglichen Miteinander eher von Konkurrenz oder Kooperation geprägt war. Wenn bisher die Unternehmenskultur dadurch ausgezeichnet war, vor allem nach KPIs zu handeln und der Kollege eher Wettbewerber als Kollege war, dann ist eine Abschottung zwischen Abteilungen und Teams als Folge wahrscheinlich und dementsprechend eine große Hürde bei der →agilen Transformation. Silodenken und vielleicht sogar gegenseitige Anschuldigungen, finden in so einer Umgebung schnell Platz. Niemand sieht das große Ganze, jeder Bereich schaut nur nach sich, damit er in den Augen der Geschäftsführung gut abschneidet.

Eine gesunde Kultur baut auf gemeinschaftlichen Werten wie Kooperation und Eigenverantwortung auf, die bei der Arbeitsweise nach agilen Methoden essenziell sind. In so einer Atmosphäre kann die Entwicklung neuer Dienstleistungen direkt von dezentralen, interdisziplinären Teams Erfolg haben. Das Vermitteln und Vorleben von Werten wie Offenheit, „Commitment", Respekt und Integrität sowie der Fokus auf das Gemeinsame sind als Grundvoraussetzung essenziell für eine erfolgreiche agile Transformation. Sind diese Werte und Grundhaltungen nicht im Unternehmen vorzufinden, wird die agile Transformation viele Hürden haben und dementsprechend mit viel Risiko verbunden sein.

Eine weitere Hürde stellt in vielen agilen Transformationen das Management und deren Führungskräfte da. Ist die Führungskraft innerlich absolut überzeugt davon, dass es sinnvoll und wichtig ist, in Ihrer Organisation eine Transformation zu beginnen, die dahinführt, dass sie statt „Command-and-Control" in Zukunft Befähigung, Vertrauen und Eigenverantwortung nicht nur zulassen, sondern sogar fördert? Es gibt oft Unternehmensbereiche, bei denen sich die Mitarbeiter fragen, ob es überhaupt Sinn macht, ein „agiles Mindset" zu verankern und die funktionierenden Arbeitsweisen zu verändern. Demgegenüber wird es vermutlich genügend Bereiche geben, in denen eine erfolgreiche agile Transformation der Schlüssel ist, um erfolgreich am Markt zu bleiben und in der hoch komplexen Welt mehr als zurechtzukommen. Es ist schwer umzudenken und ein vielleicht jahrelanges, durchaus auch erfolgreiches Führen, in Frage zu stellen. Aber gerade Führungskräfte zeichnet eine offene und lernbereite Einstellung aus. Verantwortliche können hier den Erfolg ihrer Organisation entscheidend beeinflussen, denn Sie sind die Personen, die die Hürde der kritisch eingestellten Mitarbeiter bezwingen müssen. Weitere große Hürden der agilen Transformation sind beispielsweise die fehlende Transparenz, die interne Politik, die Beseitigung der Hierarchien, fehlende Befähigung der Mitarbeiter und die veraltenden Praktiken, die ebenfalls von der gegenwärtigen Architektur beeinflusst werden. Wie die zuletzt genannten Hürden beseitigt werden können, wird in der nächsten Frage thematisiert. Letztlich kann auch das gemeinsame Verständnis von Agilität eine sehr simple, aber große Hürde sein woran einzelne

Teams bei der agilen Transformation scheitern können, allerdings lässt sich dieses Problem schneller lösen als komplexere Themen, die sich im „Unterbewusstseins des Unternehmens" befinden.

Wie kann ein Agile Coach bei auftretenden Hürden der agilen Transformation helfen?

Agile Coaches werden in der Praxis auch oft mit anderen Rollen verglichen oder gar gleichgestellt, wie beispielsweise der Agile Master, der →Scrum Master, der OKR Master und viele mehr, doch das ist falsch.

Agile Coaches haben eine andere Haltung als die zuvor aufgeführten Rollen. Sie agieren nicht wie Berater. Sie lösen keine Probleme und übernehmen keine Aufgaben für ihre Kunden. Stattdessen helfen sie ihren Teamkollegen mit neuen Perspektiven, Denk- und Handlungsangeboten. Auf diese Weise unterstützen sie dabei, Aufgaben eigenständig zu lösen. Agile Coaches betrachten ein Team nicht als Gruppe aus Menschen, sondern als komplexes System. Sie suchen nach Abhängigkeiten und Hindernissen – nicht nur auf der fachlichen, sondern auch auf der persönlichen Ebene –, um diese gemeinschaftlich zu lösen.

Aus diesem Grund kann ein Agile Coach auf verschiedene Herausforderungen sehr unterschiedlich reagieren, da er sich auch an das Unternehmen und die Umgebung anpasst. Als Servant Leader übernimmt der agile Coach keine disziplinarische oder fachliche Führung. Er trifft keine Entscheidungen, bestraft nicht und wird demnach auch nicht vom Team in fachliche Fragen eingebunden. Der Agile Coach agiert auf Augenhöhe mit dem Team und auch den Führungskräften. Er unterstützt das Team dabei, eigenständig zu den richtigen Lösungen zu finden, also auch die Hürden der →agilen Transformation aus dem Weg zu räumen. Agile Coaches schaffen ein partizipatives Umfeld und befähigen die „Mitarbeiter", in dem sie Macht und Entscheidungen teilen. Dies unterscheidet sie von Beratern.

Auch wenn Agile Coaches sich in der Praxis nicht immer zu 100 Prozent daran halten, so folgen sie weitestgehend einem Coaching- statt einem Beratungsansatz. Und Coaching ist keine Beratung. Coaches handeln oft nach dem Prinzip „kein Coaching ohne Auftrag". Sie zwingen sich und ihre Perspektive nicht auf. Sie sind sich bewusst, dass Beratungsdruck in der Veränderungssituation – und Agile Coaching ist in der Regel eine solche – eher zu Widerstand, als zu Akzeptanz führt. Aus diesem Grund führen sie mit Fragen, bieten Optionen an und helfen ihren Coachees dabei, eigenständig zu passenden Lösungen zu finden.

All dies kann sich jedoch in der Praxis von Transformation zu Transformation und der Unternehmenssituation unterscheiden. Bei agilen Transformationen haben Agile Coaches insbesondere am Anfang viele neue Impulse zu geben. Sie vermitteln Wissen und sorgen dafür, dass es gelernt, gelebt und adaptiert wird. Als Beispiel können →agile Methoden eingeführt, Prinzipien vermittelt und ein agiles Mindset etabliert werden – erst in zwei bis drei Teams, dann im Bereich und schließlich in der gesamten Organisation. Während der agilen Transformation wächst nach und nach das Wissen zu Kundenbedürfnissen im Team. Es entstehen neue Ideen und neue Probleme. Mit ihnen kommen neue Lösungen: Digitale Tools, neue Vorgehensmodelle und Methoden.

Agilität ist kein Change-Prozess mit einem klar definierten Start- und Endpunkt. Agiles Arbeiten entwickelt auch sich selbst stetig weiter. Aus diesem Grund sieht der Agile Coach sich und die von ihm betreuten Teams in stetiger Weiterentwicklung. Regelmäßig werden die eigenen Arbeitsweisen hinterfragt und verändert. Diese Veränderungen zu begleiten ist eine der zentralen Aufgaben im Agile Coaching. Genau für dieses Coaching sind seine persönlichen Fähigkeiten enorm wichtig. Im Agile Change-Management sind Einfühlungsvermögen und Empathie die wichtigsten Persönlichkeitsmerkmale. Der Agile Coach muss stets in der Lage sein offen der Perspektive anderer Personen gegenüberzustehen. Im Idealfall kann er sie sogar nachvollziehen. Veränderungsprozesse sind meist mit Widerständen verbunden, die aus Sorge vor sozialer Ausgrenzung, Machtverlust und Benachteiligung entstehen. Aufgabe des Coaches ist es, diese Bedürfnisse aufzugreifen und mit guten Kommunikationsfähigkeiten und Überzeugungskraft Brücken zu bauen.

Handlungsempfehlungen und Erfolgsrezepte

 Dieses Kapitel zeigt die konkrete Implementierung und deren Stolpersteine.

Worauf ist bei der Umsetzung von Agilität zu achten?

Der erste Schritt ist zu hinterfragen, ob sich das Projekt oder das Produkt für →agile Methoden eignet. Die agilen Methoden eignen sich nicht für alle Projekte und Umstände, auch nicht für jedes Unternehmen und deren Wertekultur. In der heutigen Zeit ist festzustellen, dass viele Unternehmen die →agile Transformation wollen, weil es ein neuer Trend ist und Unternehmen Erfolge mit diesen Methoden erzielen. Dies allein sollte jedoch nicht der Beweggrund für die agile Transformation sein und bedarf dementsprechend weiterer Hinterfragung.

Es ist wichtig jede Person, die Teil der Umsetzung von Agilität ist, zu schulen und somit ihr auch klarmachen, welche Vorteile daraus entstehen. Grund für die Aufführung dieses Punkts ist, dass die Agilität den Ruf von Anpassungsfähigkeit und Schnelligkeit hat, was eventuell nicht positiv für jede Person ist. Daher ist es wichtig zu erläutern, was Agilität für jede einzelne Person bedeutet, da zwar eine Anpassungsfähigkeit gefordert wird, allerdings bringt diese auch gewisse Freiheiten und Verantwortungen für Mitarbeiter mit sich.

Literaturtipp:
Das Buch „Agile Organisationsentwicklung: Handbuch zum Aufbau anpassungsfähiger Organisationen" von Bernd Oestereich und Claudia Schröder zeigt weitere praktische Hinweise zur Umsetzung von Agilität und kann dementsprechend sehr hilfreich bei der agilen Organisationsentwicklung sein.

Was sind die ersten Schritte bei einer Implementierung?

Die Implementierung von Agilität ist mehr eine Reise als ein festgelegter Change-Prozess, denn es ist essenziell die Frameworks kontinuierlich zu überprüfen und anzupassen. Dieser Lernprozess wird in der Praxis oftmals nicht praktiziert, weswegen Unternehmen später Schwierigkeiten bei der Implementierung erhalten. Dies ist keine einfache Reise für das Management und die Mitarbeiter. Ein Risiko für den Change bleibt in vielen Fällen der Widerstand der Mitarbeiter gegen die Veränderungen. In diesem Fall ist es wichtig, auf die Vorteile einzugehen und die Kollegen zu motivieren. Generell sind agile Transformationen in der Regel erfolgreicher, wenn sie durch umfassende Change-Management-Verfahren begleitet werden. Diese schaffen eine agil-freundliche Kultur und Denkweise. Dazu gehört beispielsweise auch eine Zielsetzung beziehungsweise eine Vision. Bevor eine Transformation zu agileren Arbeitsmethoden beschlossen wird, sollte in der Vision klar formuliert werden, welchen Nutzen sich das Unternehmen von diesem Weg erwartet und wie man ihre Auswirkungen messen kann. So kann sich jeder Mitarbeiter an dieser Vision orientieren und dafür sorgen, dass er diese im Rahmen seiner Möglichkeiten bestmöglich umsetzt und vorantreibt. Um den Mitarbeitern eine Motivation zur Einhaltung der Vision zu geben und sich der Überzeugtheit der Angestellten von dieser sicher zu sein, ist es ratsam, die Vision kollektiv in der Mitarbeiterschaft zu entwickeln. Außerdem sollte sie eine rege Unterstützung seitens der Führungsabteilungen erfahren, sodass sich die restliche Belegschaft hieran, falls nötig, orientieren kann.

Zu Beginn eines Transformationsprozesses müssen einige grundlegende Fragen geklärt werden. Eine der elementarsten Fragestellungen besteht hierbei darin, herauszufinden, welche Teile des Unternehmens verändert werden müssen, um die Agilität zu steigern. Dies kann von Unternehmen zu Unternehmen variieren, es sollte jedoch stets darauf geachtet werden sowohl Stabilität als auch Dynamik auf einem hohen Level zu halten. Eine weitere Frage, die man sich stellen kann, ist, wie die Transformation genau ablaufen soll. Zum einen kann man die angestrebten Veränderungen zuerst in einem kleinen Bereich prototypisch testen. Hierdurch kann man den Prozess zuerst optimieren und einen möglichen Verlauf erahnen, bevor man wichtige, größere Strukturen des Unternehmens aufbricht. Zum anderen ist es sinnvoll, zuerst grundlegende Faktoren zu verändern, die mehr als nur eine Abteilung umfassen, sodass die Belegschaft gemeinsam in die Umwandlung starten kann.

Lesetipp:
In der Praxis wird oft bei der Implementierung Hybrides Projektmanagement genutzt. Dieser Blog-Eintrag liefert weitere Sichtweisen diesbezüglich: www.agile-heroes.de/blog/was-ist-hybrides-projekt management/

Welche Besonderheiten gibt es bei der Implementierung von Agilität in einem Start-up?

Start-ups haben in den meisten Fällen flache Hierarchien und genießen den Vorteil von moderneren Unternehmenskulturen als große Unternehmen. Allein durch diese zwei Punkte erfolgt die Implementierung von Agilität oft reibungsloser und schneller, da sich die Mitarbeiter besser auf Neues und Ungewohntes einlassen können. Dies wird klar, wenn einem klar wird, dass Mitarbeiter von Start-ups dieses Mindset zumeist haben, denn sonst würden sie sich für große und gestandene Unternehmen bei der Jobwahl entscheiden.

Die flachen Hierarchien sind ein wesentlicher Bestandteil der agilen Methoden und ein Punkt, der in der Praxis im Change-Prozess viele Schwierigkeiten aufzeigt. Diese Schwierigkeiten treten in Start-ups nicht auf, außer der Geschäftsführer legt Wert auf eine konservative Unternehmenskultur. Dieser Punkt hat einen großen Einfluss auf die allgemeine Kommunikation innerhalb des Unternehmens, welche wichtig bei der Implementierung von Agilität ist, denn nur wenn über Probleme und Unsicherheiten offen gesprochen werden kann, ist es möglich diese zu beseitigen. Die offene Kommunikation in flachen Hierarchien erzeugt Transparenz, welches wieder ein wesentlicher Bestandteil von agilen Methoden ist. Wie an diesem Beispiel klar wird, kann der Agile Coach schneller zu den Resultaten kommen, als wenn diese Korrelationen nicht bestehen.

Im Allgemeinen ist festzustellen, dass vor allem die jüngeren Generationen sich schneller an die Agilität und die neuen Arbeitsweisen anpassen können. Diese Generationen sind auch vermehrt in Start-ups vorzufinden, welches ein allgemeiner Vorteil bei der Implementierung von Agilität ist. Zusätzlich ist nicht nur die Anpassungsfähigkeit,

sondern auch die Neugier für Neues in Start-ups größer als in eta-
blierten Unternehmen, bei denen die Karriere auch von der internen
Unternehmenspolitik abhängt. Da dieser Aspekt in Start-ups einen
geringe Bedeutung spielt, trauen sich Mitarbeiter auch häufiger Neues
auszuprobieren. Auch wenn dies nicht durchweg zu Erfolgen führt, ist
die Wahrscheinlichkeit größer, dass einzelne →agile Methoden sich
doch nach dem Ausprobieren durchsetzen und langfristig implementiert werden. Die geringere Unternehmenspolitik in Start-ups hat auch
positive Aspekte bei der Umstellung von Teams und den Rollen, die sich
in agilen Frameworks verändern. Mitarbeiter von Start-ups sind prin-
zipiell weniger an Jobtitel interessiert und was auf ihren Visitenkarten
steht. Dieser Aspekt ist ebenfalls ein häufiger Grund, warum Agilität
in anderen Unternehmen scheitert und dementsprechend wieder eine
Gemeinsamkeit mit den agilen Methoden.

Generell unterscheidet auch die Ausmaße an Dynamik und stabilen
Prozessen Start-ups von großen Unternehmen. Während bei großen
Unternehmen die Dynamik fehlt, müssen Start-ups hingegen die stabilen Praktiken weiterentwickelt werden, da hier meist der Fokus zu stark
auf der Dynamik lag, als dass für ausreichend Rückhalt gesorgt wurde.
Dementsprechend ist oft zu beobachten, dass Start-ups ihre Prozess-
und Strategiebereiche festigen müssen.

Welche Besonderheiten gibt es bei der Implementierung von Agilität in einem großen Unternehmen?

Große Unternehmen haben viele Mitarbeiter und dementsprechend
auch Hierarchien, die zu einer internen Unternehmenspolitik führen.
Dass dies kein Vorteil bei grundlegender Veränderung des Unternehmens und der Hierarchien darstellt, ist allen selbstverständlich klar.
Das Auflösen von Hierarchien, Rollen, Beziehungen, welche sich über
Jahre hinweg eingespielt haben, birgt viele Risiken und Konfliktpotenziale. Es ist möglich, dass einzelne Mitarbeiter ihre ganze Karriere
für einen bestimmten Jobtitel oder Verantwortungsbereich gearbeitet
haben, der von heute auf morgen bei der Implementierung von Agilität
verschwinden kann. In einzelnen Fällen sollte der Agile Coach oder

Berater davon abraten und eine angepasste Lösung finden, falls die interne Unternehmenspolitik ein zu großes Risiko zur Eskalation birgt.

Anders als Start-ups haben große Unternehmen festgelegte Prozesse, denn nur so ist es möglich die Arbeit von vielen Mitarbeitern effizient zu regeln und zu planen. Diese Prozesse werden ebenfalls bei der Implementierung von Agilität oftmals beeinflusst oder ganz verändert. Diese Veränderungen können zu Verwirrung oder Unzufriedenheit in den Teams führen, welche wiederum die Implementierung der Agilität erschweren.

Generell sollte der Agile Coach, Berater oder das Management viele Einflussfaktoren im Auge behalten, um die Umsetzung von Agilität möglich zu machen. Diese Einflussfaktoren sind selbstverständlich auch stärker und vermehrt vorhanden als in Start-ups. Dementsprechend steigt die Komplexität der Implementierung von Agilität und somit auch das Risiko des Scheiterns. Durch die größere Mitarbeiteranzahl sind folglich auch mehr Konfliktpotenziale bezüglich des Fehlenden agilen Mindsets einzuplanen. Die Einstellung von Mitarbeitern ist im Vergleich zu Start-up Mitarbeitern auch mehr auf Sicherheit fokussiert als auf das Ungewisse.

Da die Implementierung der Agilität viel Ungewissheit mit sich bringt, sehen konservative Mitarbeiter ihre Sicherheit in Gefahr, welches in Problemen bei der Umsetzung enden kann. Diese Einstellung ist selbstverständlich kultur- und unternehmensabhängig. Allerdings muss bei der Implementierung ein größerer Wert daraufgelegt werden, um die genannte Komplexität gering zu halten.

Ein Vorteil von großen Unternehmen bei der Implementierung von Agilität ist das verfügbare Budget. Durch größere Finanzressourcen haben Unternehmen die Möglichkeit auf Agile Coaches und deren Expertise zurückzugreifen und somit selbstverständlichen Fehlern aus dem Wege gehen. Außerdem haben diese Unternehmen auch die Möglichkeit Pilotprojekte durchzuführen und andere Geschäftsbereiche abzufangen, falls die Rentabilität für eine gewisse Zeit sich vermindert. Da →agile Methoden aber auch oft als Lösung für geringen Erfolg von Unternehmen fungieren, ist das große Budget nicht immer Teil der Implementierung von Agilität.

Außerdem spielt die Bürokratie in großen Unternehmen eine größere Rolle als in Start-ups. Während in einer bürokratischen Abteilung ein Grundmaß an Stabilität mit sehr hoher Wahrscheinlichkeit bereits vorliegt, muss in den meisten Fällen an der Entwicklung dynamischer Praktiken gearbeitet werden. Teilweise sind auch die stabilen Praktiken noch ausbaufähig.

Ist es hilfreich einen externen Berater oder einen Agile Coach für die Implementierung zu nutzen?

Einen externen Berater ist für viele Unternehmen essenziell für die Implementierung der agilen Arbeitsweise. Vor allem im Zuge der agilen Transformation und den Entscheidungen welche agilen Komponenten oder Methoden implementiert werden, ist es weit verbreitet in der Praxis Beraterunterstützung zu erhalten. Wie sieht das aber genau in der Agilität aus? Im Zuge der digitalen vor allem aber agilen Transformation von Unternehmen hat sich auf dem Arbeitsmarkt ein neuer und äußerst relevanter Job-Titel entstanden: der Agile Coach.

Ein Agile Coach ist eine Person, die Unternehmen dabei hilft, agil, also anpassungsfähig und selbstlernend zu werden. Dabei hilft er nicht nur einzelne Teams und Prozesse innerhalb eines Unternehmens umzustrukturieren, sondern auch das Mindset, also Glaubenssätze und Werte aller Beteiligten zu verändern. So trägt der Agile Coach zu einem langfristigen, weil nicht nur „äußerlichen" Wandel der Arbeitsstruktur bei. Wann also benötigen Unternehmen einen Agile Coach? Ein solcher Coach stellt, wie bereits erwähnt, einen wichtigen Faktor im Change Management, speziell in der agilen Transformation, dar.

Der Agile Coach stellt in diesem Zusammenhang nicht nur den Motor, sondern auch den Kleber dar, der die agile Transformation von Unternehmen vorantreibt und gleichzeitig mit seinen Kompetenzen zusammenhält. Er coacht Führungskräfte und Teammitglieder, er teilt seine Erfahrungen, gibt das →agile Mindset weiter und hilft methodisch, wenn etwas mal nicht gelingt.

Dadurch lässt sich der Agile Coach auch hervorragend von einem herkömmlichen Berater unterscheiden. Denn im Normalfall wird ein normaler Berater dann engagiert, wenn ein bestimmtes Problem gelöst werden muss. Dieses Problem löst der Unternehmensberater im Optimalfall und übergibt dem Kunden, also dem Unternehmen, ein gelöstes Problem bzw. die Lösung dafür. Ein Agile Coach hingegen fungiert bei der Lösung des Problems als Unterstützung und hilft dem Kunden viel eher dabei zu lernen, wie er seine Aufgaben in Zukunft selbst lösen kann. Beide Dienstleistungen sind sehr unterschiedlich, aber genau deswegen auch in verschiedenen Zusammenhängen äußerst wertvoll. Mit Zusammenhängen sind in diesem Fall die jeweilige Branche, Arbeit und Struktur des jeweiligen Unternehmens gemeint.

Für die Entscheidung auf welchen Berater man zurückgreifen sollte, muss man immer das große Ganze, also Strukturen, Verantwortlichkeiten und Organisation betrachten. Viel wichtiger als die „richtige" Wahl bzw. Lösung ist jedoch, dass sich Unternehmen kontinuierlich anpassen – auch nachdem ein Problem augenscheinlich gelöst wurde. Hier kommt der Agile Coach wieder zugute, da er beim Coachen den Fokus auch auf langfristige Anpassungen legt.

Wie kann ein Agile Coach bei der Implementierung von agilen Methoden weiterhelfen?

Der Erfahrungsschatz anderer agiler Transformationen ist das Fundament der erstehenden Beratungstätigkeiten und daraus resultierenden Aufgabengebiete eines Agile Coaches. Ein Coach beobachtet seinem Klienten und reflektiert diese Beobachtungen. Das hilft dem Klienten dabei sich bewusster zu werden. In der Agilität und bei agilen Methoden ist diese Fähigkeit essenziell, da man aus seinen Handlungen lernen und die richtigen Schlüsse ziehen soll. Reflexion ist aus diesem Grund einer der wichtigsten Teile agilen Coachings. Es hilft dabei agile Prinzipien zu verstehen und in der Realität zu erkennen.

Auch hier spielt Kontinuität eine wichtige Rolle, weshalb die Reflexion kontinuierlich ausgeübt wird. Eine weitere wichtige Aufgabe ist das Trainieren. Wenn nötig nimmt der Agile Coach nämlich die Rolle eines Trainers ein, der wichtige Inhalte interaktiv vermittelt. Herkömmliche Trainingsarten sind hierbei beispielsweise Trainings zu Scrum (z. B. für Product Owner oder Scrum Master) oder auch Trainings zur besseren Kommunikation. Hierbei sind dem Agile Coach keine Grenzen gesetzt. Er passt sich immer dem Kontext der Organisation an.

Oftmals bringt die Agilisierung eines zuvor klassisch strukturierten Unternehmens auch das Loslassen von Führungsperson mit sich. Das bedeutet: Weniger direkt Anweisungen „von oben" und viel mehr Entscheidungsraum und Selbstorganisation für die zuvor „Geführten". Da dies keinesfalls bedeutet, dass die ehemaligen Führungspersonen nur noch passiv zuschauen und nichts tun, muss der Agile Coach an dieser Stelle auch die Führungspersonen coachen. Denn diese erlangen durch die wegfallenden Aufgaben ebenfalls neue Kapazitäten, die sie an anderer Stelle einsetzen können. Sie können den „Geführten" mehr Kontext geben und ihnen einen klaren Rahmen, innerhalb dem sie arbeiten können. Auf der anderen Seite gibt es selbstverständlich auch neue und komplexe Herausforderungen für die nun selbstorganisierten Teams. Hier müssen die (teils neuen) Verantwortungen neu verteilt werden, was neuen Spielraum für Fehler offenbart. Auch hier tritt der Agile Coach auf den Plan, in dem er auch hier einen bewussten Umgang mit den Verantwortungen fördert und die Mitarbeiter coacht.

Hin und wieder ist es für Kunden ebenfalls interessant und hilfreich, dass der Coach auch als Mentor agiert. So ist es nicht unüblich, dass ein Agile Coach in der Rolle des Mentors die erste Scrum Retrospektive übernimmt. So können frisch gebackene Scrum Master sich einen besseren Eindruck davon machen und von der Erfahrung des Mentors profitieren. Als Mentor kann ein Agile Coach aber auch konkrete Verbesserungsvorschläge präsentieren und bei kniffligen Entscheidungen unterstützen. Da klare und eindeutige Kommunikation eine erhebliche Rolle in der Agilität spielt, hilft der Agile Coach auch dabei die interne Kommunikation zu verbessern. Beispielsweise durch Workshops oder auch Gruppenarbeiten. Hier achtet er beispielsweise auch besonders auf die neue Rollenverteilung – Wird sie eingehalten oder muss er „eingreifen"?

Dementsprechend ist es also wichtig für Unternehmen zu hinterfragen, ob ein Agile Coach die Schlüsselperson sein könnte, um die Implementierung von Agilität einfacher und schneller zu vollziehen.

Welche Handlungsempfehlungen gibt es für das Management, wenn es das agile Arbeiten implementieren möchte?

Die Grundvoraussetzung für die Implementierung des agilen Arbeitens oder jeglichen agilen Methode ist das das Management versteht, was Agilität wirklich bedeutet. Das bedeutet, dass das Management nicht nur weiß, was es für positive Auswirkungen auf das Produkt und den Erfolg haben kann, sondern auch was es für Sie als Management bedeutet. Agilität bedeutet Hierarchielosigkeit. Genau dieser Punkt ist vielen Führungsetagen nicht gänzlich bewusst, bzw. es wird erst verstanden, wenn die Manager an diesen Punkt geraten und sie auf die Rollen und Regeln der Agilität oder des angewandten Frameworks erinnert werden.

Die Folge der Implementierung von Agilität ist tatsächlich, dass das Management im ersten Moment seine eigene Rolle abgibt. Inwiefern dies in der Praxis stattfindet, hängt von dem Unternehmen und der gewählten Art und Weise der Implementierung ab. Arbeitet ein Unternehmen beispielsweise strikt nach Scrum, welches in der Praxis nicht oft der Fall ist, da →Hybridmodelle angewendet werden, würde es aber bedeuten, dass das Management typische Rollen abgeben muss. Beispielsweise sind in Scrum die Teams selbstorganisiert und können geschützt arbeiten. Das Management darf also nicht den Fortschritt der Teams überwachen und täglich neue Anforderungen anbringen, dies müssen Sie mit dem so genannten Product Owner absprechen.

Wie dies genau funktioniert, wird in den Antworten zu Scrum thematisiert, allerdings soll dieses Beispiel eine typische Problematik bei der Implementierung von Agilität aufzeigen. Basierend darauf ist die klare Handlungsempfehlung, dass das Management genau verstehen soll, was Agilität bedeutet und sich somit über die gegebenen Veränderungen bewusstwerden. Das Resultat ist oft, dass die Führungsetagen vieler Unternehmen Agilität wollen aber irgendwie auch nicht. Hier hilft der Ansatz: Alles was funktioniert, ist in Ordnung. Es gibt nämlich nicht die einzig richtige Methode in der Praxis. In der Praxis ist immer eine Mischform von Methoden und einzelne abgewandelte Methoden vorzufinden. Bau dir deine agile Methode, so wie sie für dich und dein Unternehmen funktioniert.

Dies beinhaltet die vorher angesprochene Handlungsempfehlung, dass das Management im Vorhinein verstehen muss, was es bedeutet. Also ist ein Training oder Ausbildung in den agilen Methoden ein wichtiger Bestandteil bei der Implementierung. Wenn das Management sich den Veränderungen bewusst ist, ist es wichtig eine Kultur aufzubauen, die die Mitarbeiter befähigt agil zu arbeiten.

Des Weiteren braucht das Management Vertrauen in die Mitarbeiter. Dies ist ein sehr wichtiger Punkt, da die Teams selbst entscheiden werden, beziehungsweise eine größere Verantwortung tragen als im klassischen Vorgehen in traditionellen Unternehmen.

Videotipp:
Das Video „Wie coacht und moderiert man agil? 🚀 – Agile Heroes MeetUp" auf dem YouTube Kanal von Agile Heroes gibt weitere praktische Inhalte und Handlungsempfehlungen für das Coachen und Moderieren von Agilen Teams. Das ▶ Video findest Du unter: www.youtube.com/watch?v=rUU6JDY2Ilg

Glossar

Agil
Die Wortbedeutung ist „beweglich", „anpassbar". Im Geschäftsleben ist damit meist eine schnelle Reaktionsfähigkeit gemeint.

Agile Coach
Ein Agiler Coach unterstützt Organisationen dabei, anpassungsfähig und selbstlernend zu sein. Das Ergebnis seiner Arbeit ist eine Agile Organisation, die ihre Prozesse und Strukturen bei Bedarf selbstständig ändert.

Agile Transformation
Eine Agile Transformation ist der Prozess der Umwandlung der Form oder Natur einer Organisation, um sich in cine flexible, kooperative und selbstorganisierende Organisation zu verwandeln, um in einer schnell verändernden Umgebung erfolgreich zu sein.

Agiles Manifest
Im Jahr 2001 niedergeschriebene Grundsätze und Werte zur agilen Softwareentwicklung. Das Agile Manifest umfasst vier grundlegende Werte und zwölf Prinzipien. Die Anwendung des Agilen Manifests geht heute in vielen Bereichen über die Software-Entwicklung hinaus.

Agile Methoden
Methoden für flexibles Projektmanagement, die Iterationen mit kurzem Zeitrahmen präferieren, in denen die Produkte schrittweise erstellt werden. Design Thinking, Scrum, OKR, Kanban und Lean Management zählen zu den agilen Methoden und sind mit vielen anderen Rahmenwerken kompatibel.

Agiles Mindset
Es ist eine Art zu denken und zu handeln – mit dem Agilen Manifest und dessen Prinzipien als Basis.

Agile Werte

Das Wertesystem bildet die Basis, auf der Regeln oder Praktiken definiert und Entscheidungen getroffen werden können. Sie beruhen auf dem Agilen Manifest. Verschiedene agile Methoden betonen einzelne Werte besonders, wie Respekt, Offenheit, Fokus, Mut, Führung etc.

Akzeptanzkriterien

Es sind die Kriterien, an denen erkennbar ist, ob ein individuelles Product Backlog Item „richtig" umgesetzt wurde. Akzeptanzkriterien gelten daher immer nur für ein Feature oder eine User Story. Sollten einzelne Akzeptanzkriterien bei jedem Product Backlog Item auftauchen, dann sind dies Kandidaten für eine Erweiterung der „Definition of Done", siehe unten.

Artefact

zu Deutsch Artefakt: Artefakte sind das Product Backlog, Sprint Backlog und das Inkrement. Ziel der Artefakte ist, die Arbeit und ihren Wert im Rahmen des SCRUM Prozesses transparent zu machen.

Business Agility

Zu Deutsch Agilität in der Wirtschaft: Business-Agilität ist die Fähigkeit einer Organisation, sich schnell an Marktveränderungen anzupassen – intern und extern. Agil zu sein, um somit schnell und flexibel auf Kundenanforderungen reagieren zu können.

Cycle Time

Deutsch: Zykluszeit; die Zeitspanne zwischen dem Beginn der Arbeit und dem Abschluss aller Arbeiten bezogen auf eine Arbeitseinheit.

Daily SCRUM

Ein Event mit einer festgelegten Zeitdauer von maximal 15 Minuten. Es dient dem Entwicklungsteam dazu, den anstehenden Tag der Entwicklungsarbeit während eines Sprints zu planen. Änderungen und Aktualisierungen werden im Sprint Backlog eingetragen.

Definition of Done

zu Deutsch Definition von „Fertig": Ein gemeinsames Verständnis über die Erwartungen, die die Software (oder das zu entwickelnde Produkt) erfüllen muss, um ausgeliefert werden zu können. Sie wird vom Entwicklungsteam gemanagt.

Development Team

zu Deutsch Entwicklungsteam: Das Entwicklungsteam ist die Rolle im SCRUM-Team, die dafür verantwortlich ist, all die Entwicklungsarbeit zu leisten, die notwendig ist, um in jedem Sprint ein auslieferungsfähiges Inkrement des Produktes zu erstellen.

Digitalisierung

Digitalisierung ist die Umwandlung von analogen in digitale Daten. Hierbei geht es um die gesamtgesellschaftliche Veränderung durch die Vermehrte Nutzung von digitalen Geräten, Softwares und Dienstleistung in allen Bereichen des alltäglichen und wirtschaftlichen Lebens.

Durchlaufzeit

Zeit von der Aufnahme ins Backlog bis zum Output bzw. dem Ausfüllen der „Fertig"-Spalte. Die Durchlaufzeit der Arbeit ergibt sich aus der durchschnittlichen Anzahl der Arbeitseinheiten geteilt durch den durchschnittlichen Durchsatz.

Empirie

Die Empirie besagt, dass Wissen auf Erfahrung und Erkenntnissen basiert, und dass Entscheidungen auf der Basis von diesem bestehenden Wissen erfolgen.

Epic

Dies ist die Beschreibung einer Anforderung auf einer recht abstrakten Ebene, aber in Alltagssprache. Unter Epic wird meist eine größere Anforderung verstanden, während User Stories zum einen ein Beschreibungsformat, aber vor allem auch feiner heruntergebrochene Anforderungen sind. Es gibt keine eindeutige Abgrenzung von Feature oder allgemein gültige Hierarchie der Anforderungen.

Feature

Die Eigenschaft eines Produktes oder eine Anforderung an ein Produkt. Features gröber geschnitten als User Stories. Die Abgrenzung zu Epic ist nicht eindeutig definiert: Ein Epic kann von der Größe her variieren, dementsprechend werden die Begriffe oft alternativ genutzt.

Hybrides Projektmanagement

Eine Mischung verschiedener Ansätze: Aufnahme von agilen Elementen (z. B. aus Scrum und/oder Kanban) in klassischen Ansätzen und umgekehrt; Anreicherung des klassischen Vorgehens durch agile Elemente; Projekte, deren Teilprojekte entweder Change-getrieben, agil oder Plan-getrieben vorgehen.

Increment

zu Deutsch Inkrement: Ein Teil einer funktionierenden Software, die zu einem bereits vorher entwickelten Inkrement hinzugefügt wird. Alle Inkremente zusammen – in ihrer Gänze – ergeben ein Produkt.

Kanban

Eine Methode zur Fortschrittsmessung z. B. innerhalb eines SCRUM-Projekts. Es ist eine Strategie, die ein visuelles Pull-System verwendet und die Menge paralleler Arbeit(en) – engl.: Work in Progress (WIP) – begrenzt, um den Wertefluss eines Prozesses zu optimieren.

Kanban-Board

Eine visuelle Organisation von Karten (Kanban) in einem Kanban-System. Dabei weisen die Kanban-Boards im Regelfall vertikale Spalten auf, die eine Abfolge von Arbeitsschritten (meist von links nach rechts) abbilden. Zusätzlich sind horizontale Lanes möglich.

Kanban-System

Es bezeichnet ein Pull-System, mit dem der Arbeitsfluss visualisiert und die Menge der parallelen Arbeiten begrenzt wird (durch ein WIP-Limit = Work- in-Progress-Limit).

Künstliche Intelligenz

Künstliche Intelligenz (KI) simuliert menschliche Intelligenz mit Maschinen, insbesondere Computersystemen. Dies umfasst das Lernen, die Erfassung von Informationen; die Schlussfolgerung, die Verwendung der Informationen; und die Selbstkorrektur.

Lean Start-up

Eine Methode zum schlanken Aufbau von Organisationen, auch von Projektorganisationen.

Lösungsraum

Phasen 4 bis 6 im Design Thinking-Prozess, währenddessen das Team Lösungen entwickelt.

Moderator

Person, die ein Gespräch oder einen Workshop steuert, oder einen Problemlösungsprozess strukturiert, sich aber inhaltlich nicht beteiligt.

OKR

Objectives und Key Results (OKR) sind ein ganzheitlicher, ergebnisorientierter Ansatz des Ziel- und Mitarbeitermangements. Das O in OKR steht für Objectives, auf Deutsch Ziele. KR steht für Key Results, auf Deutsch Kern- oder Schlüsselergebnisse. Die zentrale Idee der Methode: Ein Unternehmen, aber auch Abteilungen und die einzelnen Mitarbeiter nehmen sich für jedes Quartal fünf Ziele vor – mit jeweils nicht mehr als vier Kernergebnissen.

Persona

Personas sind Nutzertypen, die Personen einer Zielgruppe ihren Verhaltensweisen und Charakteristiken nach kategorisieren. Sie unterstützen das Design Thinking-Team aufgrund der umfangreichen Beschreibung, sich in die Lage der potenziellen Nutzer zu versetzen und seinen Standpunkt während des Prozesses vertreten zu können.

Personal Agility
Zu Deutsch: persönliche Anpassungsfähigkeit. Es geht um dynamische Fähigkeiten, um auf Situationen rechtzeitig, innovativ und nachhaltig zu reagieren, wenn es nötig ist. Aufgeschlossenheit gegenüber Veränderungen und das Verwenden verschiedener Ansätze werden dabei helfen, mit Volatilität, Unsicherheit und Komplexität umzugehen.

Problemraum
Phasen 1 bis 3 im Design Thinking-Prozess, während denen sich das Team mit der Problemhypothese beschäftigt.

Product Backlog
Eine nach Rang geordnete Liste der Arbeit, die noch zu erledigen ist, um ein Produkt zu entwickeln, in Stand zu halten oder fortzuführen. Das Product Backlog wird vom Product Owner gemanagt.

Product Backlog Refinement
Die Tätigkeit während des Sprints, durch die der Product Owner und das Entwicklungsteam Detailinformationen zum Product Backlog hinzufügen.

Product Owner
Die Rolle in SCRUM, die dafür verantwortlich ist, den Wert des Produkts zu maximieren. Dies erfolgt vorrangig dadurch, dass der Product Owner fortlaufend die fachlichen und geschäftlichen Erwartungen an das Produkt in Abstimmung mit dem Entwicklungsteam managt.

Projektmanagement
Dabei handelt es sich um die Anwendung von Wissen, Fähigkeiten, Methoden und Werkzeugen auf die Arbeit im Projekt, um darüber die Ziele des Projektes erreichen zu können.

Prozess
Strukturierte Abfolge von Aktivitäten, die einen definierten Input in einen definierten Output verwandelt.

Pull-System
Ein System, in dem die Arbeit von Mitarbeitern „gezogen" wird, wenn die entsprechende Kapazität vorhanden ist.

Push-System
Ein System, bei dem die Arbeit zugeteilt oder in ein System gestellt wird, unter Umständen ohne ausreichende Berücksichtigung der vorhandenen Kapazität.

Ready
Zu Deutsch Bereit. Ein gemeinsames Verständnis des Product Owners und des Entwicklungsteams bezogen auf das erwartete Informationslevel jedes Backlog Items. Das Ready wird im Rahmen des Sprint Plannings festgelegt.

Release
Ein Bündel zusammengehöriger Produkte, die eine Einheit bilden und auch als solche getestet, übergeben und implementiert werden. Beim Release wird dieses Bündel auf dem Markt getestet.

Scope
Inhalt und Umfang des Projekts

Scrum
Ein Rahmenwerk, um Teams bei komplexen Produktentwicklungen zu unterstützen. Scrum besteht aus dem Scrum-Team und den dazugehörigen Rollen, Events, Artefakten und Regeln, so wie diese im Scrum Guide beschrieben sind.

Scrum Guide
Die Definition von Scrum, geschrieben und zur Verfügung gestellt von Ken Schwaber und Jeff Sutherland, den beiden Entwicklern beziehungsweise Väter von Scrum. Diese Definition besteht aus Scrum-Rollen, Events, Artefakten und den Regeln, die diese verbinden.

Scrum Master

Die Rolle in einem Scrum-Team, die dafür verantwortlich ist, ein Scrum-Team und sein Umfeld bezogen auf ein klares Verständnis von Scrum und seiner Anwendung zu begleiten, beraten und zu schulen.

Scrum-Team

Ein sich selbst organisierendes Team, das aus dem Product Owner, Entwicklungsteam und dem Scrum Master besteht.

Scrum Values

zu Deutsch Scrum-Werte: Die grundlegenden fünf Values und Fähigkeiten, die das Scrum Framework ermöglichen. Die Values sind Selbstverpflichtung, Fokus, Offenheit, Respekt und Mut.

Self-Organization

zu Deutsch Selbstorganisation: Managementprinzip, das davon ausgeht, dass Teams ihre Arbeit autonom und selbst organisieren. Diese Selbstorganisation erfolgt innerhalb festgelegter Grenzen auf der Basis von klar vorgegebenen Rollen. Die Teams entscheiden selbst, wie sie ihre Arbeit ausführen, anstatt von jemand außerhalb des Teams angeleitet zu werden.

Sprint – Scrum

Ein zeitlich festgelegtes „Event" mit einer maximalen Dauer von 30 Tagen. Es dient als „Container" für andere Scrum Events und Aktivitäten. Sprints erfolgen lückenlos nacheinander ohne Pausen zwischen den einzelnen Sprints.

Sprint – Kanban

Die ergänzenden Kanban-Praktiken ersetzen nicht den Sprint in Scrum. Selbst in einem Umfeld, in dem ein kontinuierlicher Fluss gewünscht/erreicht wird, ist der Sprint immer noch ein Rhythmus oder ein regelmäßiger Pulsschlag für die Überprüfung und Anpassung von beidem, Produkt und Prozess.

Sprint Backlog

Eine Übersicht über die Entwicklungsarbeit, die notwendig ist, um das Sprint-Ziel zu erreichen. Es handelt sich hierbei typischerweise um eine Vorschau auf die Funktionalitäten und die Arbeit, die notwendig ist, um eine Funktionalität zu entwickeln. Das Sprint Backlog wird vom Entwicklungsteam gemanagt.

Sprint Goal

zu Deutsch Sprint-Ziel: Eine kurze Zusammenfassung des Grunds oder des Mottos des Sprints. Hierbei handelt es sich oft um ein geschäftliches Problem, das adressiert wird. Seine Funktionalitäten können während eines Sprints angepasst werden, um das Sprint-Ziel zu erreichen.

Sprint Planning - Scrum

Ein zeitlich begrenztes Event mit einer maximalen Dauer von acht Stunden. Es findet zu Beginn jedes Sprints statt. Es dient dem SCRUM-Team dazu, zu überprüfen, welche Arbeit aus dem Product Backlog am besten dafür geeignet ist, als nächstes erledigt zu werden, um dann ins Sprint Backlog übertragen zu werden.

Sprint Planning - Kanban

In einem flussorientierten Sprint-Planning-Meeting werden Flussmetriken als Hilfsmittel für die Entwicklung des Sprint-Backlogs verwendet. Beispielsweise können historische Durchsatz-Werte genutzt werden, um zu verstehen, was die Kapazität des Scrum-Teams für den nächsten Sprint ist.

Sprint Retrospective - Scrum

zu Deutsch Sprint-Retrospektive: Ein zeitlich begrenztes Event von maximal drei Stunden. Es stellt den Abschluss jedes Sprints dar. Es dient dem Scrum-Team dazu, den letzten Sprint zu überprüfen und Verbesserungen zu planen, die im nächsten Sprint umgesetzt werden sollten.

Sprint Retrospective - Kanban

Eine flussorientierte Sprint Retrospective zusätzlich die Überprüfung von Flussmetriken und -analysen, um festzustellen, welche Verbesserungen das Scrum-Team an seinen Prozessen vornehmen kann. Ein Scrum-Team, das Kanban anwendet, überprüft und passt zudem seine Arbeitsablaufdefinition an, um den Fluss im nächsten Sprint zu optimieren.

Sprint Review - Scrum

Ein zeitlich begrenztes Event mit einer maximalen Dauer von vier Stunden. Ziel ist, die Entwicklungsarbeit des Entwicklungsteams abzuschließen. Es dient dem Scrum-Team und den Stakeholdern dazu, das Inkrement des Produkts, das aus dem Sprint geliefert wurde, zu überprüfen.

Sprint Review - Kanban

Die Überprüfung der Kanban-typischen Flussmetriken im Rahmen des Sprint Reviews ist eine Gelegenheit, neue Gespräche zur Überwachung des Fortschritts in Richtung der Zielerreichung anzuregen. Die Überprüfung des Durchsatzes kann dem Product Owner zusätzliche Informationen liefern, wenn er wahrscheinliche Liefertermine bespricht.

Stakeholder

Eine externe Person, die nicht Teil des Scrum-Teams ist. Sie verfügt über ein besonderes Interesse an oder über Wissen zu dem zu entwickelnden Produkt. Die Stakeholder werden im Scrum -Team über den Product Owner repräsentiert. Aktiv eingebunden werden die Stakeholder im Sprint Review.

Task

Bei Tasks handelt sich um kleinere Arbeitseinheiten, durch die gemeinsam eine User Story oder allgemein eine größere Arbeitseinheit umgesetzt werden kann. Es ist damit gleichzeitig der Plan, wie die Umsetzung schrittweise erfolgen soll.

Timebox

Die maximale Zeit, die das Team für die Durchführung einer Veranstaltung, einer Methode oder einer Aufgabenstellung nutzen darf.

User Stories

Technik zur einfachen Erfassung der Anforderung des Verwenders des Projekt-Endprodukts. Ich als >User< möchte >Ziel< um >Nutzen<.

Wasserfallmodell

Methode zum Projektmanagement, die einen klaren und linearen Ablaufplan hat. Es gibt aufeinanderfolgende Phasen, bei der eine Phase erst beginnt, nachdem die vorherige abgeschlossen wurde.

Work in Progress (WIP)

Die Anzahl der Arbeitseinheiten, die begonnen, aber nicht beendet wurden. Wichtig ist der Unterschied zwischen WIP als Metrik und den Regeln, die sich ein Scrum-Team zur Begrenzung von WIP gibt. Das Team kann die WIP-Metrik verwenden, um den Fortschritt bei der Reduzierung von WIP und der Verbesserung des Flusses transparent zu machen.

Wo sich welches Stichwort befindet?